Krebse – Kopernikus

Das Kopernikanische Prinzip lautet: „Der Mensch nimmt keine ausgezeichnete, spezielle Stellung im Kosmos ein."
(Stephen Hawking †2018) Dazu muss man von sich absehen können.
K vollzieht als Astronom einen Perspektivwechsel, schaut virtuell aus dem All auf die bewegliche Erde und konstatiert radikal ihren „Schätzwert Null im Vergleich zur Größe des Himmels".

Die menschliche Denkart wird umgeändert: nicht Fakten sind für unser Handeln entscheidend, sondern die Vorstellungen, die wir uns von ihnen machen. Mit der „Kopernikanischen Wende" geht die einschneidende wissenschaftliche Revolution seit dem 16. Jahrhundert einher (S. 149-162).

Das hat Immanuel Kant 300 Jahre später erkannt, und wir wissen es heute.

Sigfrid Krebse

KOPERNIK*US* NICHT NUR FÜR ASTRONOMEN

Das Kopernikanische Prinzip seit 500 Jahren

Ein Entwurf

2., durchgesehene Auflage

Königshausen & Neumann

Sigfrid Krebse, geboren 1943 in Weißenfels a. d. Saale, studierte in Tubingen und Münster Deutsch und Geschichte und war bis 2008 stellvertretender Schulleiter am Kopernikus-Gymnasium Neubeckum in Beckum/ Münsterland. Astronomie und Kosmologie waren auch schulisch seine Passion. Er lebt in Warendorf, Kreis Warendorf.

Umschlagabbildung: Vorlage nach einem Gemälde von Jan Matejko, „Der Astronom Kopernik spricht mit Gott", 1873 – s. Seite 183

Es konnten nicht alle Rechtsinhaber von Abbildungen ermittelt werden.
Sofern i. E. Belege nicht angegeben, gilt Gemeinfreiheit; vgl.a. https://de.wikipedia.org (gemeinfrei).
Nachweise von Rechtsinhaberschaft bitte an: ms.krebse@t-online.de

Bibliografische Information der Deutschen Nationalbibliothek

Die Deutsche Nationalbibliothek verzeichnet diese Publikation in der Deutschen Nationalbibliografie; detaillierte bibliografische Daten sind im Internet über http://dnb.d-nb.de abrufbar.

2., durchgesehene Auflage, 2021

Gedruckt auf säurefreiem, alterungsbeständigem Papier
Umschlag: skh-softics / coverart

Printed in Germany
ISBN 978-3-8260-7305-2
www.koenigshausen-neumann.de

Inhalt

Die zweite Lebenshälfte: 1510 bis †1543

Kopernikus (K) – biografisch kurz und korrekt und der „Kopernikus des 20. Jahrhunderts“. Ein Überblick

Die Vergangenheit ist ein fremdes Land; dort gelten andere Regeln (L. P. Hartley, 1956). ‚Lebendige Vergangenheit‘? Die Geschichte ist nicht, wie sie war – ist sie nicht die Gestalt, die wir ihr geben?

In der Biografie des Nikolaus Kopernikus (geboren 1473; im Folgenden kurz K) bleibt vieles im historischen Dunkeln, schreibt 1883 sein bis ins 19. Jahrhunderts wichtigster Biograf Leopold Prowe. Wir im 21. Jahrhundert können Umrisse von K vor 500 Jahren wie in einem fernen Spiegel erkennen und versuchen, sein Bild etwas zu schärfen, sind aber auch versucht, es aufs Neue lebendig bunt zu malen – dem Jahrtausendgenie „Gestalt“ zu geben. Bei näherem Hinsehen ist beweisbare Rekonstruktion der überlieferten Daten von Geschichtsklitterung nicht immer zu unterscheiden. Es wird so einiges erzählt, und dann stellen sich Fragen: Sah er wirklich so aus, wie in etlichen Porträts überliefert, die doch alle erst ab 1573 entstehen, also dreißig Jahren nach seinem Tod? Gab es eine Malvorlage? – Musste er wegen seines revolutionär neuen Weltbilds mit der Sonne statt der Erde im Zentrum der Welt die kirchliche Inquisition fürchten, Folter und Tod? – Hatte der Diakon kirchlich verbotener Weise eine Geliebte? – Ist er über seiner Nachtarbeit als Astronom zum zaudernden Eigenbrötler geworden?

Oder war er nicht vielmehr ein Humanist, der typische Vertreter der Renaissance, weltoffen, bewundernswert zielstrebig, ein universal gebildeter und entschlossen umsichtig handelnder Mann (ital. uomo universale)? -> Kapitel 4: L' Uomo Universale‘ – der Frauenburger Universalist, 1510 bis 1543, S. 83 ff. Geschichte verstehen heißt, sich immer wieder neu kritisch eine eingestandenermaßen auch zeitgemäße Meinung zu bilden. Geschichte kennen heißt aber auch, Vergangenheit verstehen, weil sie immer Teil einer Gegenwart ist. Und hier noch ein kluger historischer Satz: „Was heute Vergangenheit ist, dessen sollten wir uns immer bewusst sein, war einst Zukunft.“ (F.W. Maitland, ein Historiker, 1850-1906)

Der erst ab 1573 vielfach im Bild reproduzierte K erscheint uns wie in einem fernen Spiegel: Idealbild oder lebendiges Porträt?

Ölgemälde auf Eichenholz um 1580 (hier: Ausschnitt, bearbeitet)
› *Kapitel 2.1: Ein Selbstbildnis als Malvorlage?, S.61*

Die leibliche Person des Genies tritt bescheidener Weise hinter sein grandioses schriftliches Lebenswerk über die Sonne im Zentrum des Universums zurück (Druck und Auslieferung der ersten 1000 Exemplare im Todesjahr 1543); Grundlage ist der frühe ‚Entwurf' „Commentariolus" von 1506, ein astronomisches Manifest zum Beginn der Neuzeit. Seine über drei Jahrzehnte entstehenden sechs hochwissenschaftlichen Bücher ‚Über die Umdrehungen der Himmelskörper' („De revolutionibus orbium coelestium", 1543) überfordern das Verständnis des astronomischen Laien bis heute. Das gilt z. B. auch für den fünfbändigen mathematischen Klassiker aus der Antike „Die Elemente" des Euklid (aus Alexandria; 3. Jh. vor Chr.), über den als Mensch kaum etwas bekannt ist und den K wegen seiner „Elemente" hoch verehrte; die Mathematik gilt seit der Antike als allgemeine Wissenschaftsgrundlage, in erster Linie der Astronomie.

Doch Leben und schriftliches Werk, Vermutungen und Fakten über den ersten Physiker und Astronomen der Neuzeit sollten zusammengedacht und in der Wissenschaftsgeschichte auch in Zukunft weiterhin unüberhörbar gewürdigt werden. Erst mit Albert Einsteins Allgemeiner Relativitätstheorie (1915) wird der nächste epochemachende Schritt in den Kosmos getan. (-> Kapitel 5.1: Giganten auf den Schultern von Giganten, S. 128ff.). Dass in unserer kosmischen Nachbarschaft weitere Galaxien ihre Kreise ziehen, hat Edwin Hubble 1923 am Mount -Wilson- Observatorium (Kalifornien, USA) erstmals nachgewiesen. Die der Erde nächstgelegene Andromeda-Galaxie ist 2,5 Millionen Lichtjahre entfernt und im gleichnamigen Herbst-Sternbild auf der nördlichen Halbkugel mit bloßem Auge zu sehen. (Ob sie in diesem Augenblick überhaupt noch existiert?) Damit folgt vierhundert Jahre nach der kopernikanischen eine weitere kosmische Wende, der weitere folgten und noch folgen werden. Wir wissen heute über den größten Teil des Universums bemerkenswert wenig, glauben aber seit der letzten Jahrhundertwende feststellen zu können, dass das All sich unaufhaltsam weiter ausdehne, weil eine undurchschaubare sogen. „Dunkle Energie" stärker in die Ferne wirke als die Gravitation aller Galaxien in ihrer Radialkraft. Das Kopernikanische Prinzip hat die eingebildete Sonderstellung des Menschen im Kosmos erledigt und überfordert letztlich sein Begriffsvermögen. Die Zukunft ist ein fremdes Land. Dort gelten unbekannte Regeln.

*

Die siebzig Lebensjahre K' von 1473 bis 1543 sind in ***zwei Lebensabschnitte*** *zu teilen. Die* ***erste Lebenshälfte*** *geht über 37 Jahre bis 1510*

-> Die biografischen Kapitel 1.1 S.20ff., 2.1 S.44ff., 3.1 S.70ff. und 4.1 S. 84 ff. sind kursiv gesetzt. Die Renaissance und der Humanismus, ihre wesentliche Geistesbewegung, prägen den jungen K auf seinen polnisch- preußischen und italienischen Lehr- und Wanderjahren, zu Fuß oder auch zu Pferd. Die kirchliche Laufbahn (und damit finanzielle Lebensabsicherung) verfügt der

Patenonkel und Fürstbischof des Ermlands Lukas Watzenrode für die Vollwaise Nikolaus, indem er für eine akademische Ausbildung sorgt und dem 22jährigen Studenten 1495 die Stelle eines Domherrn in Frauenburg an der Ostsee reservieren lässt, in seinem Sprengel Ermland gelegen. Der Nepotismus (heute sagen wir auch ‚Vetternwirtschaft') gilt als selbstverständliches Prinzip vorsorglicher Herrschaftssicherung. Sein Studium in Italien schließt K 1503 mit der Promotion in Jura ab. Arzt ist er bis dahin auch geworden. In einem Begleitstudium widmet er sich der Astronomie und entdeckt hier seine wahre Berufung. Am 9. März 1497 abends macht er sich in Bologna eine erste Notiz zu seinem neuen Weltbild mit der Sonne statt der Erde im Zentrum. -> Kapitel 2.2.: Die Sternstunde mit dem Mond, S. 48ff.; 26 weitere ihm wichtige astronomische Beobachtungsdaten hält er in den nächsten 30 Jahren fest (-> Anhang 8.3, S. 180).

In den Jahren von 1503 bis 1510 besteht er bei seinem Onkel in der ermländischen Bischofsresidenz Heilsberg als dessen Privatsekretär den Praxistest, eine Art kirchenpolitisches Referendariat, und er praktiziert auch als Arzt bzw. in erster Linie Onkels Leibarzt. Das preußische Ermland an der östlichen Ostseeküste, sein „Vaterland", wie K sagt, wird er die nächsten vier Jahrzehnte nicht mehr verlassen.

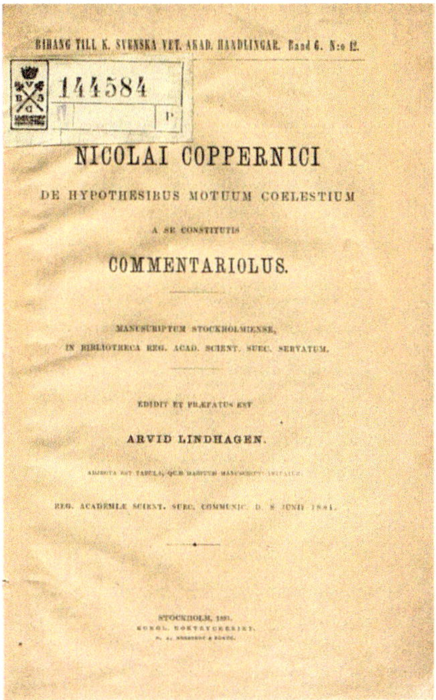
BIHANG TILL K. SVENSKA VET. AKAD. HANDLINGAR. Band 6. N:o 12.

144584

NICOLAI COPPERNICI

DE HYPOTHESIBUS MOTUUM COELESTIUM

A SE CONSTITUTIS

COMMENTARIOLUS.

MANUSCRIPTUM STOCKHOLMIENSE,

IN BIBLIOTHECA REG. ACAD. SCIENT. SUEC. SERVATUM.

EDIDIT ET PRÆFATUS EST

ARVID LINDHAGEN.

REG. ACADEMIÆ SCIENT. SUEC. COMMUNIC. D. 8 JUNII 1881.

STOCKHOLM.

KONGL. BOKTRYCKERIET.

Ein erstes Exemplar des „Commentariolus" (1506) wird in Stockholm 1881 publiziert: es ist eine Abschrift des Manifests mit dem Kern der kopernikanischen Lehre auf zehn Seiten. Der Text war über 350 Jahre verschollen, das handschriftliche Original ist es bis heute. Lateinischer Text und deutsche Übersetzung, parallel gesetzt bei: Zekl 2006, S. 2-35

Nebenher bringt K also ab 1506 seinen Geniestreich, das astronomische Manifest der Neuzeit, auf den wenigen Seiten zu Papier: er ‚hält die Sonne an' (spottet später Martin Luther) und rückt sie anstelle der Erde ins Zentrum des damals höchst begrenzt bekannten Alls. -> Kapitel 3.2: Der Entwurf des neuen Himmels, S. 73ff.

Die wissenschaftlichen astronomischen Beobachtungen trägt er später, seine revolutionäre Weltformel stets im Kopf, in langen Jahren und vielen Nächten zusammen. -> Anhang 8.5 S. 182: Montaigne und Kopernikus im Turm. Das frühe epochemachende Manifest von 1506 erbt sein bester Freund, späterer Bischof des Ermlandes, Tiedemann Giese; es geht allerdings verloren und taucht in verschiedenen Abschriften erstmals 1877 wieder auf. Die wissenschaftliche sechsbändige Ausarbeitung des helio-zentrischen (d.h. ‚sonnen-zentrierten') Systems folgt nach und nach ab 1510 neben der Erledigung seiner vielfältigen kirchlichen Aufgaben in der ***zweiten Lebenshälfte****. Die mathematische Ausarbeitung seiner Theorien kündigt er 1506 an und hält zuverlässig gewissenhaft Wort, 37 Jahre lang bis zu seinem Tod 1543.*

Für die Zeitgenossen zeigt sich der Domherr in seiner zweiten Lebenshälfte ab 1510 in wechselnden politischen Aktivitäten höchst präsent und erfolgreich, ein typischer Vertreter der Renaissance: Staatsmann, Arzt und Gelehrter; als Astronom gewinnt er erst in den dreißiger Jahren des 16. Jahrhunderts für Eingeweihte an Bedeutung -> Kapitel 4: L' Uomo Universale – Der Frauenburger Universalist von 1510 bis 1543, S. 83 ff.

Gerüchte, Diffamierungen und später Ruhm
Ein „Kopernikus des 20. Jahrhunderts" wird ernannt

Der Ruhm als Gelehrter beginnt erst lange nach seinem Tod i. J. 1543 zu wachsen. -> Kapitel 5.: Astronomischer Nachruhm, S.127ff. Dreißig Jahre später, ca. 1573, entsteht das erste überlieferte Porträt des Toten. (Um Martin Luther, den anderen großen Kirchenmann der Epochenwende nach 1500, wurde mehr Aufsehens gemacht; er war zu Lebzeiten vom bekannten Lucas Cranach d. Ä. dutzendfach gemalt worden, nicht immer schmeichelhaft.)

Nach weiteren acht Jahren gibt 1581 ein Fürstbischof des Ermlands das erste kopernikanische Denkmal in Auftrag, ein steinernes Epitaph für den Frauenburger Dom, das im folgenden Jahrhundert allerdings wieder verschwindet bzw. entfernt wird – eine späte Schändung seines Andenkens nach dem kirchlichen Verbot seines Lebenswerks im Jahre 1616 durch vatikanhörige Kirchenobere? K muss der Gedenktafel für einen Bischof aus polnischem Adel weichen. Nach anderen Vermutungen ist der Gedenkstein im 17. Jahrhundert in den Wirren des 30jährigen Krieges bei einem schwedischen Angriff zerstört worden. Die genaue Grabstelle des K im Dom ist seitdem bis Anfang des 21. Jahrhunderts ungewiss. -> Kapitel 5.4: Pressefoto vom Domherrn, S. 143. Ob kirchliche Kreise im 17. Jahrhundert, als das wissenschaftliche und öffentliche Interesse an K wuchs, die zweitausend Jahre alte astronomische Ordnung mit der christlichen Erde im Zentrum wieder hergestellt wissen wollten und deswegen den Erinnerungsstein für den gelehrten Rebellen hatten schreddern lassen? Eine berechtigte Frage, Antwort offen.

Allerdings begegnen K, dem gewissenhaften und selbstkritischen Forscher, in seinem letzten vollen Lebensjahrzehnt, den dreißiger Jahren, höchste kirchliche Würdenträger, ob Herzog, Fürstbischof, Kardinal oder auch Papst, mit Interesse und auch mit Respekt für seinen Entwurf des Himmels von 1506. Wachen Gelehrten, die in den 30er Jahren von seinem Hauptwerk gehört hatten, ist er in bester scholastischer Tradition einen Disput wert.

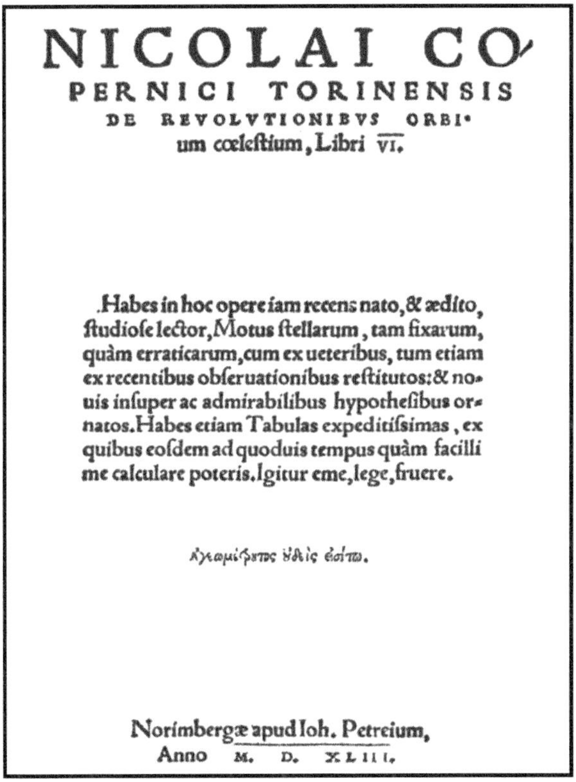

NICOLAI CO-
PERNICI TORINENSIS
DE REVOLVTIONIBVS ORBI-
um cœlestium, Libri VI.

Habes in hoc opere iam recens nato, & ædito, studiose lector, Motus stellarum, tam fixarum, quàm erraticarum, cum ex ueteribus, tum etiam ex recentibus obseruationibus restitutos: & nouis insuper ac admirabilibus hypothesibus ornatos. Habes etiam Tabulas expeditissimas, ex quibus eosdem ad quoduis tempus quàm facillime calculare poteris. Igitur eme, lege, fruere.

Ἀγεωμέτρητος οὐδεὶς εἰσίτω.

Norimbergæ apud Ioh. Petreium,
Anno M. D. XLIII.

Titelblatt zur Erstausgabe des Hauptwerks 1543: De Revolutionibus orbium coelestium/ Über die Umdrehungen der Himmelskörper' -> Kapitel 4.7: Letzte (Film-) Szenen des Wissenschaftlers und Gottsuchers K, S.118.

Der Nürnberger Herausgeber Petreius erweitert den von K vorgegebenen Titel „De Revolutionibus" (um: „orbium coelestium)" und stellt dessen Opus Magnum (nur) als Hypothesenschrift vor. Für den Autor ist sein astronomisches Lebenswerk Mathematik pur, geschrieben zur Ehre Gottes und dem Papst Paul III. gewidmet. Den Sternenhimmel sieht K als „Gottes Antlitz": kein Platz für Hypothesen, für Astrologie aber auch nicht.

Von Inquisition, Folter oder Tod, weswegen er Druck und Herausgabe seines Lebenswerks verzögert haben sollte, ist zu seinen Lebzeiten nie die Rede. Dagegen überzieht ihn 1538 der oberste Protestant der Zeit Martinus Luther höchst selbstbewusst mit Spott. Dieser hat die Bibel vorzüglich ins Deutsche übersetzt, ihre Darstellung wortwörtlich genommen und dabei nach eigenem Bekunden ‚dem Volk aufs Maul geschaut'. Die Erkenntnis des K von der Zentralstellung der Sonne im Universum steht im Gegensatz zum wortgetreuen kreationistischen Bibelverständnis Luthers und fordert diesen heraus. Er belehrt den Diakon K, der wie der Diakon Luther selbst auf die Bibel sein kirchliches Treuegelöbnis geschworen hat: dort heiße es einmal, Gott habe bei einer Schlacht der Israeliten die Sonne fast einen Tag lang angehalten und nicht die Erde (damit Feldherr Josua die feindlichen Amoriter auf Dauer aus dem gelobten Land verjagen bzw. zu Tausenden töten konnte; Altes Testament, Buch Josua 10,12). Deswegen nennt er K, der ja angeblich die Sonne ‚anhält', einen Narren; letztlich hätte aber die Erdrotation gestoppt werden müssen, damit die Sonne fast einen Tag länger scheint; auch nicht überzeugend.

Zum Ketzer wird K von seiner Kirche erst im folgenden 17. Jahrhundert abgestempelt. Der große protestantische Reformator hat dazu einen vorläufigen Beitrag geleistet. -> vgl. a. Anhang 8.4, Zwei Rebellen im Humanismus, S. 181.

Kopernikus und Einstein, der „Kopernikus des 20. Jahrhunderts"

Kopernikaner zu werden ist erst einmal nicht leicht. Das heliozentrische Weltbild, das seit 1506 nur handschriftlich in Abschriften vorliegt, fand in der Öffentlichkeit begrenztes Verständnis ähnlich wie ab 1905 die Relativitätstheorie(n) Einsteins, des „Kopernikus des 20. Jahrhunderts". Dessen Vorstellung einer gekrümmten vierdimensionalen Raumzeit überfordert den gebildeten Laien bis heute ebenso wie im 16. Jahrhundert die Heliozentrik. K und Einstein haben den Himmel revolutioniert. „Manchmal ist, wie im Falle von Kopernikus und Einstein, ein geistiger Sprung zu einem neuen Weltbild erforderlich." (Stephen Hawking, Die Klassiker der Physik, 2002, deutsch 2004; S. 9).

Kopernikaner, Vertreter des heliozentrischen Weltbildes, zu sein wird erst später, ab dem 17. Jahrhundert lebensgefährlich.- Der konfessionslose Jude Albert Einstein, der „Kopernikus des 20. Jahrhunderts“, so Kollege Max Planck 1905, emigriert 1933 nach Princeton, Universitätsstadt in den USA; er flüchtet vor dem Terror der deutschen Nazis, die im rassistischen und wissenschaftsfeindlichen Wahn das Genie und sein neues Weltbild der Relativitätstheorie verteufeln, nebenher gern auch wie in vielen vergleichbaren Fällen sein Vermögen konfiszieren. Seine Schriften werden öffentlich verbrannt und auf seinen Kopf 5000 Dollar für den Attentäter gesetzt. -> Kapitel 5.1: Giganten auf den Schultern von Giganten, S. 128ff.

Zwei epochale, revolutionäre, wissenschaftlich kosmische Manifeste im Abstand von 400 Jahren: Grundlagen für lebenslange nachhaltig weiterführende kosmische Forschungen

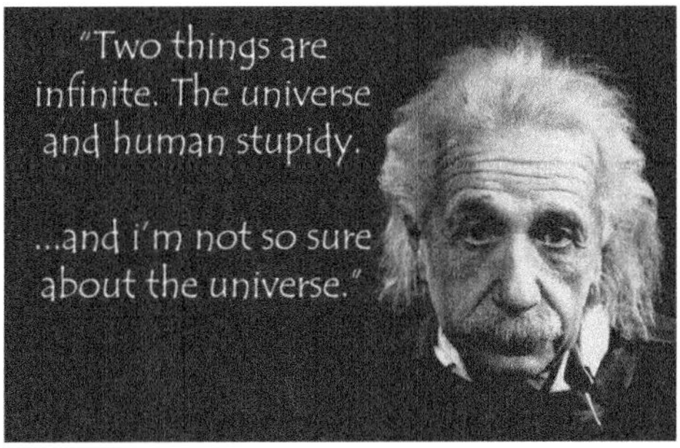

„Commentariolus“, Entwurf,1506

„De Revolutionibus“, Umläufe, 1543

Relativitätstheorie(n) 1905/ 1915

K und Einstein sind beide „ein geistiger Sprung zu einem neuen Weltbild…“, so der berühmteste Astrophysiker und Kopernikaner unserer Tage Stephen Hawking 2002 über Kopernikus und Einstein, den „Kopernikus des 20. Jahrhunderts“ (Zitat: Max Planck).

Die erste Lebenshälfte *1473 bis 1510

1. Denk mal Kopernik**us**!

Ein junger Europäer mit Zukunft
Von Thorn bis Krakau: *1473 bis 1494

*1.1 Die frühen Jahre des Kopernik*us *(bis 1494)*
> Biografie 1(4): Vom Genie noch keine Spur

Wie hätte man sich den jungen ‚Nic' (s. Autograf S. 28) denn vorzustellen? Den späteren Doktor der Rechte, auch Mediziner für Reich und Arm, den renommierten politisch korrekten bischöflichen Diakon im Amt eines Domherrn und Verwaltungsjuristen, auch mal in der Rolle eines politischen Administrators? Aus heutiger Sicht interessiert im Wesentlichen nur noch der Astronom. Die anderen, für den späteren K auch charakteristischen Aktivitäten, gehören unbedingt zum Gesamtbild, fallen aber leider in die Randgeschichte scheinbarer Unbedeutung.

Man darf kombinieren und auch spekulieren, da nichts Genaues über den Werdegang des Knaben Nikolaus überliefert ist. Die Biografie über die ersten einundzwanzig Jahre muss also allzu kurz ausfallen. Aber wenn schon heutzutage die kriminalistische Rekonstruktion des Gesichts des 70jährigen möglich wird, sind vielleicht auch weitere verloren geglaubte Details der Biografie noch aufzufinden oder kombinatorisch zu erschließen. *-> Kapitel 5.4: Pressefoto vom Domherrn, S. 143ff.* *Geschichtswirksam im Nachhinein können auch Erinnerungen und weitere Montageversuche sein, die wir für die historische Darstellung als brauchbare Rekonstrukte annehmen und auswerten.* *-> Kapitel 2.3: Raffael malt Kopernikus am Rande, S. 54ff.*

Torùn/ Thorn, Annengasse: Vermutlich das Geburts- und Elternhaus K'

Man sollte gegenüber dem wankelmütigen kollektiven Gedächtnis der Jahrhunderte misstrauisch bleiben, aber trotzdem versuchen, ein genaueres Bild des Universalgenies in frühen vagen Konturen und späterer Ausgestaltung sichtbar zu machen. Dazu stellen sich weitere Fragen: Ist er der souveräne, entscheidungsfreudige Domherr und Administrator in Zeiten des Krieges mit dem Deutschen Orden oder eher ein ängstlicher Zauderer? Ist er ein zweifelnder Wissenschaftler, dem erst Freunde den Rücken stärken müssen und zur Veröffentlichung seines heliozentrischen Systems und damit zu epochaler Bedeutung verhelfen? Die Einordnung seines Charakterbildes scheint zwischen Mittelalter und früher Neuzeit zu schwanken. Bleibt er letztlich ein konservativer Astronom mit antiken, ihn prägenden Vordenkern, oder erkennen wir in ihm wie Stephen Hawking den Brückenbauer und ersten Physiker der Neuzeit (Hawking 2004, S. 11 ff.)?

Im 16. Jahrhundert wird K in seiner Bedeutung kaum wahrgenommen. Nicht einmal die päpstliche Inquisition hat sich anfangs für ihn interessiert, obwohl er früher oder später das christlich tradierte geozentrische Weltbild ins Wanken bringen wird und langsam, aber sicher stürzt. Sein bedacht leiser Auftritt eröffnet vorsichtig erste Chancen der Verbreitung des neuen Weltbilds. Noch kommt sein sechsbändiges astronomisches Lebenswerk nicht auf den Index, die kirchliche Liste für Publikations- und Lehrverbote, die es seit 1554 gibt. Ein Grabstein ist für ihn zuerst nicht vorgesehen, und dann geht sein kleines späteres Epitaph, eine Gedenktafel aus dem Frauenburger Dom, auch noch auf fragwürdige Weise wieder verloren. Was wir über ihn persönlich wissen, ist sporadisch verschriftlichte Erinnerung weniger Zeitzeugen und Weggefährten, z. B. des jungen Professors der Mathematik Rheticus, seines einzigen astronomischen Schülers und Motors für die Veröffentlichung seiner Lebensarbeit im Jahre 1543. Der beste Freund und verständnisvoller Bruder im Geiste Tiedemann Giese wird nach seinem Tod Fürstbischof des Ermlands; er erbt seinen schmalen schriftlichen Nachlass, darunter das astronomische Manifest aus dem Jahre 1506, das erst einmal verloren geht. *-> Kap. 3.2: Der Enwurf des neuen Himmels…S. 73ff.*

Der Diakon K mit (nur) niederen Weihen – er darf taufen und u.a. die Kirche aufschließen – wird kein Priester; Theologie hat er nicht studiert, was kein Hindernis für eine kirchliche Laufbahn sein musste. Aus Vermutungen, Wunschdenken und Anachronismen der Nachgeborenen werden manchmal scheinbar Fakten – einer schreibt beim anderen ab und tut noch etwas dazu. Zur gut gemeinten Steigerung seiner Bedeutung wird aus dem Diakon ein Priester, aus dem Heilpraktiker ein ‚Dr. med‘, und dann bekommt er von seinem besten Freund und späteren Erzbischof des Ermlands Tiedemann Giese sogar den Ehrentitel „zweiter Asklepios“, der antike Gott der Medizin. Bei aller Freundschaft ist Skepsis gefragt – oder doch nur Humor unter Brüdern im Geiste?

Wann geboren, wann gestorben? Wie erinnert und wie gefeiert?

Für den Geburtstermin am Freitag, 19. Februar 1473 in Thorn, hat sich sein erster ernst zu nehmender Biograf, der Jesuit, Naturwissenschaftler und Philosoph Professor Pierre Gassendi entschieden, der in seiner biografischen Schrift (Paris 1655) eingestandenermaßen nur auf gedruckte veröffentlichte Quellen zu K zurückgreifen kann. Er weiß auch den Zeitpunkt: 12 Minuten vor 17 Uhr; neun Minuten später geht der Stern „Denebola" (arabisch; Schwanz) im Sternbild Löwen auf, und wenig später, 17 Uhr 34 Minuten, verschwindet die Sonne im Westen. Aus der Deutung des Sternenhimmels, an dem auch Venus, Merkur und „die freundlichen Strahlen des Mondes" zum Zeitpunkt aufscheinen, schließt der Astrologe Francesco Giuntini (1523 bis 1590) auf die Geburtsstunde „eines der größten Astronomen unserer Zeit" (Metze 2004, S.43 f). Die passend gemachten Daten sind mehr als fraglich, aber das Werturteil trifft – bei einem verhaltenen Lächeln des Genies K aus einigen seiner späteren Porträts. Als Geburtstag war auch der 19. Januar 1472 im Gespräch, ein anderer Freitag. Der Todestag wird 340 Jahre später endgültig von Leopold Prowe in der ersten umfassenden Biografie festgelegt (Prowe 1883/ 84, S. 35), und seitdem gilt der 24. Mai 1543. Auch der 19. Januar und der 7. Mai waren lange Jahrhunderte im Gespräch. Doch ab jetzt gilt Prowe.

Aus Legende oder Mutmaßung wird historisches Faktum; der so festgelegte Geburtstag des K wird 500 Jahre später im kommunistischen Polen zum politisch angepassten Anlass, den Jahrestag im großen Stil zu feiern. Im Jubiläumsfilm „Kopernik" endet der Astronom als unter der Geschichte leidender kränklicher Pole und als von der katholischen Inquisition gebrochener Mann. (PL, DDR 1973/ Regie E. und C. Petelsci, im selben Jahr in Moskau, Sowjetunion, mit einer Silbermedaille ideologisch preisgekrönt). Im filmischen Folterkeller des Vatikans wurden ihm ‚die Instrumente' gezeigt. (Dagegen gilt heute im patriotischen Polen die katholische Kirche als Bollwerk gegen östliche wie westliche Vorherrschaft.) In der historischen Überlieferung wird erst für das letzte Lebenshalbjahr 1542/43 berichtet, dass ihn ein Schlaganfall halbseitig trifft. Der Arzt hat als Siebzigjähriger sein fast vollständiges Gebiss, was 2006 nachgewiesen wird und für die eingeschränkt medizinisch- hygienischen Zeitumstände damals als Ausnahme und Gesundheitsnachweis gelten muss.
-> Kapitel 5.4: Pressefoto vom Domherrn, S.143ff.

Die Nase gebrochen? Nikolaus, ein rauflustiger Junge wie andere?

Die Nase des K ist auf einer kriminalistischen Rekonstruktion seiner Physiognomie (2008) sichtlich gebrochen. -> Kapitel 5.4: Pressefoto vom Domherrn', S. 143ff. Nikolaus, ein Kind wie alle anderen? Der spätere nächtliche Gottsucher als Junge ein Raufbold? Oder doch eher ein sanfter, angepasster Knabe? Können wir das wissen?

Mit seinem als Griesgram bekannten Patenonkel, aber auch entschiedenem Förderer, dem Ermländer Bischof Lukas Watzenrode, ist er offensichtlich zurechtgekommen. 1509 widmet K ihm auf dem Bischofssitz in Heilsberg, drei Jahre vor dessen Tod, aus Dankbarkeit eine unterhaltsame Übersetzungsarbeit aus dem Griechischen ins Lateinische. Im folgenden Jahr hat er ihn aber doch (im Streit?) verlassen, um in Frauenburg seine Aufgabe als einer von 16 Domherren zu übernehmen.

Hat der traditionsverhaftete väterliche Onkel ihm das revolutionäre heliozentrische Manifest „Commentariolus"/ Entwurf von 1506 verübelt, das in seiner Residenz entstanden ist? Hat der Neffe es ihm als Lektüre hingelegt? -> Kap.3.2: Der Entwurf des neuen Himmels mit 32 Jahren, S. 73ff.

Fotoausschnitt: Denkmal in Olsztyn/ Allenstein 2003; s.a. S. 34

Römisches Profil oder Bruch des Nasenbeins in Jungenjahren? Gleich zwei K - Denkmäler gibt es unweit der Burg in Olsztyn/ Allenstein. Das ältere, eine Gedenktafel von 1916, hat einst der deutsche Kaiser Wilhelm II. gestiftet (S. 140 ff.). Das jüngere von 2003 ist deutlich attraktiver und sympathischer ausgefallen, nicht zuletzt weil sich für die Touristen der Einfall durchgesetzt hat, dass es Glück bringe, dem K an die Nase zu fassen. Wer will, kann sich dabei auch auf den (mittlerweile abgewetzten) Schoß setzen (S. 34). *-> Kapitel 5.3: Kopernikus im Salz, im Film und als Wende- Denkmal, S. 137ff.*

Belastende Folgen für K nach Schicksalsschlägen und wegen besonderer familiärer Verhältnisse?

Prägend und bitter ist es fürs Kind Nikolaus K ohne Mutter (von ihrem Leben gibt es keine verlässliche Nachricht) und dann als Jugendlicher ohne Vater aufzuwachsen: innerhalb von zehn Jahren wird er Vollwaise. Seine Jugend hat er in der Hansestadt Thorn, nahe zur Nordgrenze des damaligen Königreichs Polen, verbracht.

Die königlich-preußische Stadt Thorn an der Weichsel stand seit dem Friedensschluss von Thorn 1466 unter der Lehenshoheit des polnischen Königs. Die Stadt Thorn hatte sich aus der Herrschaft der Deutschen Ordensritter befreit. Der Kupferhändler und Regierungsbeamte Niklas Koppernigk, mit Vorfahren aus Krakau und zuvor Schlesien, war sein Vater; die Mutter Barbara Watzenrode entstammte einer alten, wohlhabenden Thorner Familie.

Für die vier Geschwister, Nikolaus selbst, das jüngste Kind, seinen Bruder Andreas und die beiden älteren Schwestern Barbara und Katharina, übernimmt nach dem frühen Tode der Eltern der Bruder der Mutter, Lukas Watzenrode der Jüngere (1447 bis 1512), die Vormundschaft. Er war mit päpstlicher Unterstützung gegen den Willen des polnischen Königs ab 1489 Fürstbischof des Ermlands geworden (Provinz Warmia im heutigen Nordost-Polen) und konnte sich in dieser gehobenen Position kompromisslos mit starkem Familiensinn für die Neffen und Nichten verwenden. Beide jungen Männer und die Schwester Barbara treten nach dem Willen des Vormunds in kirchliche Dienste und waren so versorgt. Barbara wird Äbtissin, die Brüder Domherren in Frauenburg, und die Schwester Katharina läßt sich standesgemäß verheiraten, so im Frauenburger Archiv nachzulesen (Nach einer Thorner Stammtafel hat Nikolaus allerdings nur einen Bruder Georg, nach einem anderen Hinweis drei Brüder und eine Schwester, alle namentlich aufgeführt, die aber die spätere Geschichtsschreibung nicht übernimmt, vielleicht um übersichtliche Verhältnisse zu schaffen).

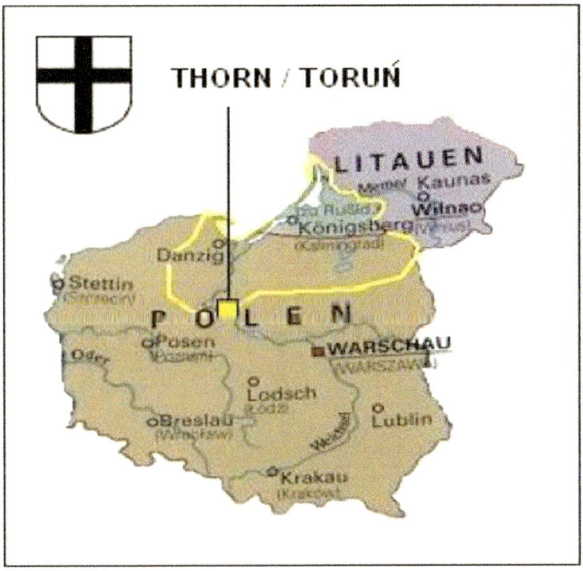

Thorn, die Geburtsstadt des K, war 1233 vom Deutschen Orden gegründet worden (Wappenbild: schwarzes Kreuz auf weißem Grund oben links; die helle Grenzlinie markiert das Herrschaftsgebiet) und entwickelte sich schnell mit dem südlich angrenzenden Polen zu einem Handelszentrum. Im 14. Jahrhundert wurde Thorn Hansestadt. Nachdem der Adel und wichtige Städte 1454 gegen den übermächtig agierenden Deutschen Orden rebelliert hatten, eroberten die Thorner Bürger die Ordensburg und zerstörten sie. Die Hansestadt schloss sich 1466 im Frieden von Thorn dem polnischen König an, der seinen Sitz in Krakau hatte.

Anscheinend ist Nikolaus der zuverlässigere der beiden Söhne und vom Vater als Erbe zur Fortführung der Kaufmannsgeschäfte bestimmt. Onkel Lukas entschied nach dessen Tod anders, wahrscheinlich auch weil der Betrieb des Vaters unrentabel geworden war. Die gewinnbringenden Geschäfte wurden gegen Ende des 15. Jahrhunderts mehr und mehr in der aufstrebenden Stadt Danzig an der Ostseeküste abgewickelt. Die Verlagerung des wirtschaftlichen Schwerpunkts an die Küste und die Pleite des väterlichen Geschäfts machte die kirchenpolitische und astronomische Karriere des K erst möglich, aber natürlich spielte dann das schicksalhafte Eingreifen des wohlhabenden Onkels für den weiteren Werdegang des Waisenkinds die entscheidende Rolle.

Auswirkungen der Geschwisterfolge?

K ist nach der Biografie Prowes von 1883 ein Spätgeborener in der Familie Koppernigk. Der Geschwisterforscher Frank J. Sulloway kommt nach aufwendigen Studien und der Untersuchung zahlreicher Lebensläufe berühmter Persönlichkeiten der letzten 500 Jahre zu überlegenswerten Ergebnissen (Der Rebell der Familie, 1997). Die späte Geburt kann demnach das Leben entscheidend beeinflussen und epochale Persönlichkeiten hervorbringen, die der Welt auch schon mal ‚kopernikanische Wenden' bescheren. -> Kap. 6:. AVE! - Kopernikus lässt grüßen, S. 147ff. Das träfe z. B. nicht nur auf K vor 500 Jahren zu, sondern im 19. Jahrhundert z. B. auch auf Charles Darwin (Schöpfer der biologischen Evolutionstheorie), später auf Sigmund Freud (Schöpfer der Psychoanalytischen Theorie) und auf Albert Einstein (Schöpfer der Allgemeinen Relativitätstheorie). -> Kap. 5.2: Die kopernikanische und sonstige Kränkungen, S. 134ff.

Sulloways Forschungsergebnisse stützen Erkenntnisse der evolutionären Psychologie (seit 1990). Nach dieser Theorie konkurrieren Geschwister generell um die Zuwendung ihrer Eltern, und Erstgeborene versuchen ihre Stellung dadurch zu festigen, dass sie deren Wertvorstellungen übernehmen, sich eher konservativ verhalten und ihre Geschwister im Elternsinn dominieren. Mittlere Kinder sind oft umgänglicher, verhandeln lieber, als zu kämpfen, um ihren Platz in der Rangordnung der Familie zu finden. Spätgeborene wie K entwickeln sich demnach gern zu experimentierfreudigen, kreativen und auch rebellischen Menschen, um in ihrer Individualität von der Familie überhaupt wahrgenommen zu werden. Vielleicht bestimmte diese Psychologie auch den Lebensweg des K, dessen Streben nach Anerkennung nach dem frühen Tod seiner Eltern allerdings auf seinen Vormund und Förderer, den Bischof Lukas Watzenrode, ausgerichtet ist. Lässt sich so erklären, warum K den antike-hörigen wissenschaftlichen Traditionalismus seiner Zeit in sich überwindet und zum astronomischen Rebellen der frühen Neuzeit wird? Seine Schwestern entsprechen als Äbtissin bzw. Hausfrau den zeitgenössischen Erwartungen. Der ältere Bruder Andreas, wie K Domherr von des bischöflichen Vormunds Gnaden, stirbt 1514 an der ansteckenden tödlichen Lepra, die er sich in Italien geholt hat. Das Verhältnis des jüngeren Nikolaus zum später gesellschaftlich ausgeschlossenen, sterbenskranken Bruder bleibt ungeklärt.

Nach dem Besuch der Pfarrschule St. Johannes in Thorn an der Weichsel wechselt Nikolaus, weil der Onkel und Vormund es so will, ans Kulmer ‚Partikular', eine weiterführende Schulform in Preußen, in der zur Vorbereitung des Studiums auch Latein unterrichtet wird. Dabei dürfte es bei fortschreitender Unterrichtung nicht nur um lateinische Grammatik und Rhetorik, sondern in Grundzügen auch um antike Philosophie und Astronomie gegangen sein. In Kulm, das flussabwärts ebenfalls an der Weichsel liegt, erlangt Nikolaus zum Schulabschluss den Titel ‚civis academicus' (lat.; ‚gelehrter Bürger'), d. h. die

Studienberechtigung, und gehörte damit auch als angehender Student schon zur anerkannten Gelehrtenwelt.

1591, mit 18 Jahren, besucht er zusammen mit Bruder Andreas für drei Jahre die Krakauer Akademie. Im Jahre 1494 hat er mit ihm sein Studium an der dort später berühmten Jagellonen – Universität, abgebrochen, also aus heutiger Sicht sechs Semester vertan - zwei selbstbewusste Bummelstudenten? Oder sind die Gebrüder ‚Koppernigk' vor der Pest geflohen, von der man für das Jahr 1494 in der polnischen Königsstadt auch mal lesen kann (www.kulturzentrum-ostpreußen.de). Studiennachweise liegen jedenfalls nicht vor. Als akademischen Grad hätte er in Krakau nach einem ersten Zwischenexamen den Titel des Baccalaureus Artium erlangen können und nach erneutem Examen den Abschluss als Magister, den er aber erst 1498 in Bologna erwirbt. Insgesamt gibt es nur wenige urkundlich überlieferte Daten und Details aus dem Leben des jungen Mannes. Die universale Bedeutung des Astronomen wird erst aus seinem astronomischen Lebenswerk De Revolutionibus/ Umläufe (1543) und einigen politischen Schriftstücken seiner Frauenburger Zeit offenbar (z. B. Denkschrift über das preußische Münzwesen, lat. 1517). S. 92 ff.

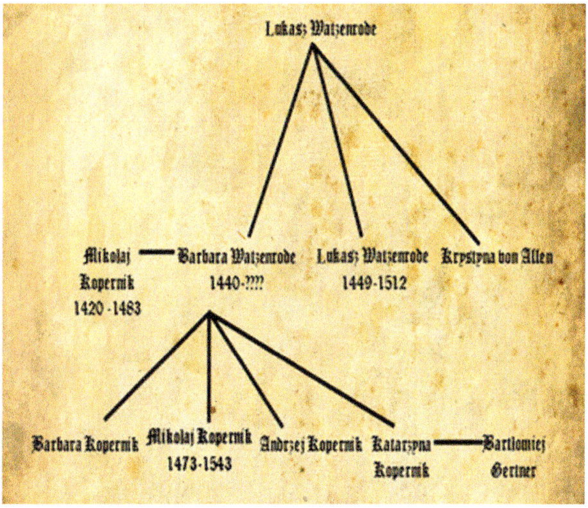

Stammbaum des K mütterlicherseits, hier mit fraglicher Geschwisterfolge: Mikolaj Kopernik (Nikolaus, junior) müsste als jüngstes Kind aufgeführt sein. Übrigens: Vater und Geschwister heißen verbrieft Koppernigk und nicht polnisch Kopernik (Festschrift 2008/ Bilderfolge)

Frühes Interesses an der Astronomie — seit wann?

K kommt offensichtlich schon in Krakau mit Grundlagen der Sternenkunde in Kontakt. Er studiert bis 1494 die ‚Sieben Freien Künste', einschließlich Astronomie, das verpflichtende Grundstudium zur damals üblichen Vorbereitung auf die gesellschaftlich hoch eingeschätzten Fakultäten Medizin, Jura und Theologie. Zu den sogen. Sieben Freien Künsten, lat. septem artes liberales, zählen die drei sprachlich-logischen Fächer: Grammatik (d. i. Lateinisch mit Lektüre), Rhetorik (auf lateinischer Grundlage) und Dialektik bzw. Logik; außerdem die vier mathematischen Fächer Arithmetik (d. i. Zahlentheorie und z. T. auch praktisches Rechnen), Geometrie (mit Geographie), Musik und Astronomie unter Einschluss der Astrologie (wegen der vermeintlich nach weisbaren Auswirkungen des Sternenhimmels auf das Schicksal des Menschen; Himmelskonstellation zur Geburtsstunde des K s. S.22).

Für K ist später die Astronomie ganz im Sinne der antiken Tradition Mathematik pur, d. h. in ihrer schönsten Form. -> Kapitel 4.4: Nicolai Copernici Revolutionum/ N. Copernicus Umläufe, Einleitung, S. 106/ Zekl 80f.) Die spekulative Astrologie interessiert ihn, ein Kind der Neuzeit, nicht. Sein Wissenschaftsverständnis ist rational, bei aller religiösen Begeisterung für das Lieblingsfach.

Man darf vermuten, dass er schon in Krakau, mit größerem Eifer dann in Bologna, die Astronomie zum Thema seines Lebens macht. -> Kapitel 2.1: Die Studienjahre des Kopernikus (K) bis 1503, S. 44. Ohne ein schon in der frühen Studentenzeit gewachsenes Problembewusstsein sind die vorauszusetzenden Grundlagen für sein späteres Lebenswerk nicht denkbar. Sein Resümee der ersten Studienjahre ist allerdings schlicht und wenig aussagekräftig: „Die Kunst in Krakau hat mich bereichert."

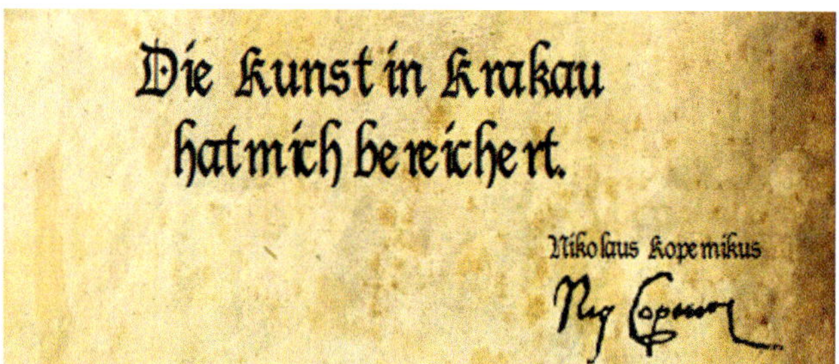

Nikolaus Kopernikus, Unterschrift Autograf: „Nic Copernicus" (1494)
Spitzname ‚Nic'? (Festschrift 2008)

Die Schreibweise Copernicus von 1494 wurde 1543 bei der Drucklegung seines Lebenswerks ‚De Revolutionibus' in Nürnberg in den Titel übernommen, aber spätestens im ersten Duden von 1880 zu Kopernikus eingedeutscht; aus Caesar mach Kaiser, aus Koppernigk bzw. Copernicus mach Kopernikus; polnisch seit je Kopernik, nicht latinisiert und dem Deutschen nah.

Chronologische Fortsetzung(en) der biografischen Kapitel (kursiv gesetzt)

1.2 Koppernigk, Copernicus, Kopernikus, Kopernik

Deutscher, Pole, Europäer

Nikolaus Kopernikus heißt in Polen *Mikołaj Kopernik*. Sein Familienname väterlicherseits Koppernigk war deutscher Herkunft (Konsonantenverdoppelungen nach kurzem Vokal in schlesisch-böhmischer Tradition). Die später von ihm selbst latinisierte Namensform *Copernicus* verweist auf die Epoche des Humanismus im 16. Jahrhundert und auf das Lateinische als damalige Verkehrssprache des Klerus und der Wissenschaftler an den europäischen Universitäten weltweit.

Neben der Gelehrtenschreibweise *Copernicus* liest man um 1500 auch noch Coppernik, Coppernig und Koppernik. Kopernikus nahm es mit seinem Namen selbst nicht so genau. Namen sind Schall und Rauch. Noch im 19. Jahrhundert gibt es etliche Varianten der Schreibweise – Konrad Duden beginnt sich erst ab 1880 mit der Vereinheitlichung der Rechtschreibung durchzusetzen und erfindet den „Urduden"; die Schreibweise dort: Kopernikus. Hat er den Namen eingedeutscht, um den vermeintlich deutschen Nationalcharakter des Genies auch im Schriftbild zu betonen? Allerdings könnte die Schreibweise Kopernik-us auch deutsch-polnischen Sinn machen.

Pole

Ende des 18. Jahrhunderts teilten die Nachbarmächte Russland, Preußen und Österreich Polen untereinander auf, so dass bis zum Ersten Weltkrieg kein eigenständiger polnischer Staat mehr existierte. Die Polen fanden sich nicht mit der fehlenden Eigenstaatlichkeit ab und kämpften in etlichen Aufständen um ihre Unabhängigkeit, in denen das Kampflied *Noch ist Polen nicht verloren,* heute Nationalhymne, gesungen wurde. Der Dichter Adam Mickiewicz beschwor im romantischen Nationalepos *Pan Tadeusz* (1834) in Versen die Geschichte Polens, zu dem damals auch noch Litauen gehörte. Der Astronom K wurde in dieser Zeit zu einem der Kronzeugen des überzeitlichen polnischen Nationalcharakters stilisiert. In Polen lernen seit über 180 Jahren viele Kinder in den ersten Schuljahren den national gestimmten kopernikanischen Merkvers von 1828 des polnischen Dichters und Schauspielers J. N. Kaminski: „*Er* (K) *hat die Sonne angehalten, die Erde in Bewegung gesetzt, / der polnische Volksstamm hat ihn hervorgebracht.*" -> Kap. 1.3: Kernsätze, Merkverse und Ehrungen S. 34 (dort der Vers auch auf Polnisch). Den Sonnenlauf einmalig in der Geschichte (auch nur einen Tag lang) zu stoppen, ist im Alten Testament dem „Herrn", Jehova persönlich, vorbehalten. Josua, der Anführer der Israeliten und Nachfolger des Moses, hatte ihn auf einem Feldzug um Hilfe gebeten, um Zeit für den endgültigen Sieg über seine Gegner, die Amoriter, und den Einzug ins Gelobte Land zu gewinnen (Buch Josua 10(12). Martin Luther nimmt 1538 diese Bibelstelle als Beleg gegen die Heliozentrik des K und nennt ihn einen Narren. -> 5.1, Giganten auf den Schultern von Giganten, S. 128

Deutscher

K wurde zwar als Untertan des Königs von Polen geboren (Frieden von Thorn 1466, S. 25), aber *„Vaterland"* war für ihn das Ermland mit Sitz des Fürstbischofs in Heilsberg und des Domkapitels in Frauenburg an der Ostsee, mit Allenstein seine Wirkungsstätten über 40 Jahre. Texte in Polnisch sind von ihm nicht überliefert, nur in Deutsch und in Latein, in das er auch aus dem Griechischen, und in Deutsch, in das er auch aus dem Lateinischen übersetzt hat; das Polnische hat er offensichtlich mündlich beherrscht und z. B. als Arzt auch mit seinen Patienten in und um Frauenburg/ poln. Fromborg gesprochen.

Die Studenten der europäischen Universitäten um 1500 bildeten sog. *Nationalitäten*, um sich ihrer regionalen Herkunft nach zu gruppieren. In Bologna hat sich K 1496 beim Start seiner juristischen und astronomischen Studien den Studenten deutscher ‚Nationalität' zugeordnet und entsprechend einschreiben lassen, urkundlich nachgewiesen: *Nicolaus de Thorn, nepos episcopi* (lat.; N. aus Thorn, Neffe des Bischofs - d. h. aus dem Ermland). Sowohl das Heilige Römische Reich Deutscher Nation als auch das polnisch-litauische Reich, zu dem um 1500 das Fürstbistum Ermland gehörte, waren keine nationalen Staatsgebilde im heutigen Sinne, sondern Gebietskonstrukte, deren Bevölkerung sich aus vielen sprachlichen und ethnischen Gruppen zusammensetzte. Erbschaften, Heiraten, Kriege und/ oder Verträge der Mächtigen des Hochadels regelten die Grenzziehung von Territorien. Der Begriff *Vaterland* ging zur damaligen Zeit nicht über eine heimatlich- regionale Dimension hinaus, auch weil viele Herrschaftsgebiete kleinstaatlich zersplittert waren. Erst im 19. Jahrhundert bilden sich die Nationalstaaten heraus, aus Kabinettskriegen der Zeit werden im 20. Jahrhundert imperialistische Volks- und Weltkriege. „Von der Humanität durch Nationalität zur Bestialität." (Franz Grillparzer 1849).

Europäer

Der Streit zwischen manchen Polen und einigen Deutschen wegen des Namens und der Nationalität des K ist gestrig und muss ergebnislos bleiben. In veralteten Schulbüchern der beiden Länder wird der Astronom, unreflektiert oder mit nationalgefärbter Absicht, ausschließlich als Pole bzw. als Deutscher aufgeführt, dabei sollte man ihn heute wie damals erst einmal kulturell als Europäer ansehen. Der modern gebräuchliche Begriff der *Nationalität* war zu Lebzeiten von Nikolaus Kopernikus noch ohne politische Bedeutung und ohne den raumgreifenden Anspruch späterer Jahrhunderte.

Aufgeklärte Polen und Deutsche lernen es spätestens seit Beginn des 21. Jahrhunderts, gemeinsam stolz auf *ihren* Universalgelehrten *Kopernik/ Kopernikus* zu sein, die große europäische Integrationsfigur und der Namenspatron von Programmen und Institutionen im Bereich der Bildung, der Wissenschaft und auch des Weltraums. -> Kapitel 1.3: Kernsätze, Merkverse und Ehrungen, S. 33. Seit 2016 gibt es für die 5. und 6. Klassen in Polen und Deutschland den ersten Band des deutsch-polnischen Geschichtsbuchs „Europa. Unsere Geschichte“. Eine Schulbuchkommission ist im Dienste weiterer Völkerverständigung tätig geworden.

Autograf N.C.

1.3 Kernsätze, Denkmäler, Merkverse, Ehrungen für K den Bewunderer des Sternenhimmels. Sein Bodendenkmal auf dem Mond

K bewirkte als Vertreter der Renaissance und des Humanismus nach den Kulturepochen der Antike und des Mittelalters die nach ihm benannte sprichwörtlich gewordene ‚kopernikanische Wende' in die Neuzeit. Dem großen Philosophen der Aufklärung *Immanuel Kant ist* diese prägnante Formel eingefallen (1787). -> Kapitel 6.: AVE! - Kopernikus lässt grüßen, S. 147

Kernsätze zu K, z. B.:
- „Nichts hat eine größere Wirkung auf den menschlichen Geist hervorgebracht als die Lehre des Kopernikus". Johann Wolfgang von Goethe 1832, Dichterfürst der deutschen Klassik.
- „Der von Kopernikus herbeigeführte Umsturz gehört wegen seiner Resultate zu den faszinierendsten Episoden in der gesamten Wissenschaftsgeschichte." Thomas S. Kuhn 1957, Professor für Wissenschaftsphilosophie und -geschichte
- „Der Begründer des modernen Weltbildes" heißt Nikolaus Kopernikus. William Shea 2003, Professor für Wissenschaftsgeschichte

K ist der erste in einer Reihe von fünf genialen neuzeitlichen Physikern und Astronomen; auf ihn folgen die bekennenden Kopernikaner Galileo Galilei, Johannes Kepler, Isaac Newton und Albert Einstein. Stephen Hawking, Professor für Astrophysik, tituliert sie als die „Giganten" bzw. „Klassiker der Physik" und widmet den großen Fünf eine gemeinsame kommentierte Quellenausgabe von 1000 Seiten (2002; deutsch 2004). -> Kapitel 5.1: Giganten auf den Schultern von Giganten, S. 128ff.; S. 171.

Denkmal Kopernik, ca. 33jährig, in Olsztyn/ Allenstein (Polen 2003)

Wer will, kann sich K heute in Allenstein/ Olsztyn auf den Schoß setzen. Das Metall seines Denkmals ist an entsprechender Stelle schon ziemlich abgewetzt. In der rechten Hand hält er die kugelförmige Armillarsphäre, mit der durch bewegliche Metallringe die Bewegung von Himmelskörpern dargestellt wird; in der Linken sein frühes Manifest „Commentariolus" (Entwurf von 1506) mit sieben Thesen zum neuen Weltbild. Die zentrale revolutionäre Botschaft von K: »Die Erde bewegt sich um ihre (eigene) Achse und täuscht somit den Himmelsumschwung nur vor." Aber wir Menschen lassen uns bis heute zu gern täuschen und freuen uns am Morgen, wenn die Sonne scheinbar „aufgeht".

In Polen lernen seit knapp 200 Jahren die Kinder in den ersten Schuljahren den patriotisch gestimmten kopernikanischen Merkvers des polnischen Dichters und Schauspielers J. N. Kaminski:

„Wstrzymał słońce, ruszył ziemię,
wydało go polskie plemię." (1828)

„Er hat die Sonne angehalten, die Erde in Bewegung gesetzt, / der polnische Volksstamm hat ihn hervorgebracht." -> Kapitel 1.2: Koppernigk, Copernicus, Kopernikus, Kopernik, S. 30 ...und in Deutschland heute heißt es in einer poetischen Würdigung des zeitgenössischen Dichters Frantz Wittkamp:

„Für mich gehörst du zu den Riesen.
du hast auf jeden Fall bewiesen,
dass du die längsten Arme hast –
du hast die Sterne angefasst.“ (2003)…

… und den Himmel neu geordnet. > Kapitel 3.2 Der Entwurf des neuen Himmels mit 33 Jahren, S. 73

Johann Gottfried Schadow, Nicolaus Copernicus (1807)
Seit 1842 in der Gedenkstätte „Walhalla“ bei Regensburg

Es ist nach einem halben Jahrtausend an der Zeit, dem großen Astronomen ein nachhaltiges Denkmal der Allgemeinbildung auch in die Köpfe der Erdbewohner zu setzen und ihm im Kanon des kulturellen Welterbes einen Ehrenplatz zuzuweisen. In der deutschen Gedenkstätte „Walhalla“ bei Regensburg hat er den mit einer Büste von Anfang an (seit 1842). Von polnischer Seite wurde damals umgehend gegen diese Vereinnahmung protestiert. > *Kapitel 1.2: Koppernigk, Copernicus, Kopernikus, Kopernik, S. 30f.*

Die menschlichen Alltagserfahrungen im Umgang mit dem Himmel sind bis heute von Vorvorgestern, also auch aus der Zeit vor K. Wenn man z. B. den sogenannten ‚Sonnenuntergang‘ als Untergang wahrnimmt und mit Herz bewundert, geht das Zentralgestirn in Wirklichkeit nicht ‚unter‘, sondern die Hälfte der Menschheit dreht sich vielmehr als Betrachter nach und nach mit der Erde in die dunkle Zone des Universums, und der Erdtrabant Mond, der das Licht der Sonne reflektiert, leuchtet dann, von der Sonne beleuchtet, mal halb, mal voll, mal auch gar nicht, ganz gemäß den Gesetzen der ins Unendliche reichenden Himmelsphysik. > Kapitel 3.2 Entwurf des neuen Himmels mit 33 Jahren, S. 73ff. Das Naturschauspiel Sonnenfinsternis ist wie die Mondfinsternis astronomisch gesehen immer eine ‚Erdfinsternis', die nicht jeder, auch wenn er sich für allgemein gebildet hält, mit Worten oder gern auch mit einer Skizze einigermaßen erklären kann – eigentlich doch eine leichte Aufgabe aus dem astronomischen Einmaleins des irdischen Alltags. Aber wir Menschen lassen uns durch eine ich- und erdbezogene, d. h. seit der Antike geozentrische Wahrnehmungsperspektive, in die Irre führen. Die Hälfte der Teilnehmer einer aktuellen Umfrage sind der Überzeugung, die Mondphasen, die wir von der Erde aus beobachten können, hingen mit dem Erdschatten zusammen. Dabei ist nur der Eigenschatten des Mondes, den die Sonne je nach Stand mal mehr, mal weniger ausleuchtet, z.B. für den Halbmond zuständig.

Vom zunehmenden Mond im ersten Viertel zum Halbmond und zum Vollmond - Wie ist das Bild astronomisch zu erklären? Versuchen Sie es gern mit einer Skizze zu Mond, Erde und Sonne.

Der Dichter Matthias Claudius scheint milde zu spotten und lässt uns miteinander in seinem stimmungsvollen *„Abendlied"* (1771) angesichts des Mondaufgangs über unseren Mangel an Durchblick andächtig singen:

„Seht ihr den Mond dort stehen?
Er ist nur halb zu sehen
und ist doch rund und schön.
So sind wohl manche Sachen,
die wir getrost verlachen,
weil unsre Augen sie nicht seh'n."

Als gläubiger Protestant hatte Claudius aber mit Martin Luther mehr die in der Bibel festgelegte geozentrische göttliche Schöpfung im Auge als den astronomischen Irrtum. Der Kant'schen Aufklärung um 1800 fühlte er sich nicht verbunden. Dazu empfiehlt K schon über 250 Jahre früher: „Die Sinneswahrnehmung bedarf der Überprüfung...". Allerdings ist K ein geduldiger Lehrmeister seines neuen Weltbildes; er verzichtet auf kompromisslose Korrekturen und zeigt diplomatisch hoffnungsvolles Verständnis für astronomische Halbbildung: „...Aber niemand darf sich wundern, wenn wir noch den Aufgang und den Untergang der Sonne und der Sterne und diesem Ähnliches einfach so benennen, sondern er wird wohl wissen, dass wir nur in der gewohnten Weise sprechen, die von allen beibehalten werden kann, wenn sie nur im Sinne behalten, dass für ...

Uns, die mit der Erd' wir kreisen,
Sonn' und Mond vorüber zieh'n,
Sterne wechselnd wiederkehren
Oder scheidend sinken hin."

(N.K., De Revolutionibus II. Buch, Einleitung – Hawking 2004, S. 65)

*

Die Wissenschaft setzt K auf dem Mond ein ‚Bodendenkmal' und benennt den wohl auffälligsten Krater mit 93 Kilometer Breite und 3760 Meter Tiefe nach ihm. Hundert Jahre nach K war es möglich geworden, den Mond zu kartieren, nachdem Galilei, der dritte große ‚Kopernikaner', zuvor 1609 als erster das Fernrohr als astronomisches Hilfsmittel in Gebrauch genommen hatte. Auch Galilei bekam später sein Monddenkmal. Sein Bekenntnis zur kopernikanischen Lehre hätte ihn das Leben kosten könne. Er musste sich nach 1632 der kirchlichen Inquisition beugen. Sie hatte die Wissenschaft nur scheinbar vorübergehend besiegt, denn die namentlichen Ehrungen auf dem Mond gehören ins gleiche Jahrhundert.

Giovanni Battista Riccioli (17. Jh.), ein führender Mondforscher seiner Zeit, gab den Mondkratern die Namen von großen Wissenschaftlern aus der über zweitausendjährigen Astronomiegeschichte und ‚taufte' den bemerkenswertesten ‚Kopernikus'; andere nannte er später mit allgemeiner Zustimmung der Wissenschaft u. a. Galilei, Plato oder Aristoteles.- Riccioli, Theologe (Jesuit) und Philosoph, suchte allerdings auch nach Beweisen gegen das kopernikanische Weltbild. Er war Anhänger des Dänen Tycho de Brahe, der der Sonne mit Planeten eine eigene zentrale Stellung neben der Erde im Kosmos geben wollte, wofür allerdings wenig sprach.

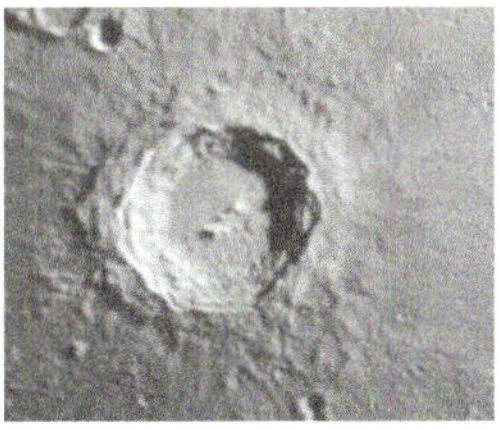

Mondkrater „Kopernikus", Foto dpa

Auch in die wissenschaftliche Epochengeschichte des Mondes ist K namentlich eingegangen. Die letzte Epoche begann vor 810 Millionen Jahren, dauert bis heute an und wird als Kopernikanische Periode bezeichnet.

Ein 1934 entdeckter Asteroid mit der Nummer 1322 wird Coppernicus (in dieser Schreibweise) getauft. - Ehre, wem Ehre gebührt! > Kapitel 5.3: Kopernikus im Salz, im Film und als Wende-Denkmal, S. 137ff.

Warnsymbol:  Radioaktives Element

„Copernicium“ ist ein radioaktives, künstlich erzeugtes chemisches Element. Am 19. Februar 2010, dem 537. Geburtstag des Astronomen, wurde die Entdeckung von 1996 durch Sigurd Hofmann und Victor Ninov von der „Internationalen Union für reine und angewandte Chemie“ (IUPAC/1919) anerkannt und die Bezeichnung offiziell bekanntgegeben.

Ein Nachtrag zur Ehrung des Wissenschaftspatrons K im 21. Jh. – eine Weltraumposse mit K als Retter unseres Heimatplaneten –

Eine Feierstunde der Europäischen Union (EU) in Brüssel 2008: der damalige Vizepräsident der Europäischen Kommission, Kommissar Günter Verheugen, auch zuständig für Unternehmen und Industrie (bis 2010), hält eine Rede:

„Wir ehren heute den großen Europäer Nikolaus Kopernikus, indem wir unser europäisches Projekt für Globale Umwelt- und Sicherheitsüberwachung, das früher unter der Bezeichnung GMES bekannt war, nach ihm benennen. So wie Kopernikus entscheidend dazu beigetragen hat, dass wir unsere Welt besser verstehen können, wird die Erdbeobachtung uns helfen, unseren Planeten zu retten. Dieses System ist auch ein sehr konkreter Beleg für die technischen Fähigkeiten und Kenntnisse der europäischen Raumfahrtindustrie.“

Verheugen rühmt 2008 Kopernikus als frühe Autorität für die jetzt aktuell notwendige Rettung der Erde, die mit modernsten Mitteln wissenschaftlich aus dem All beobachtet und kontrolliert wird. Da allerdings Uneinigkeit beim Treffen der EU-Kommissare am 10. November 2008 in Brüssel in der Diskussion um die Namensgebung für die Europäische Erdbeobachtungsinitiative für Umwelt und Sicherheit (GMES) herrschte, heißt „Kopernikus“ zunächst nun wieder „GMES“. Von polnischer Seite, deren Vorschlag Kopernik, regte sich nämlich Widerspruch gegen die vermeintlich deutsche Namensverfälschung. Nicht das Genie stand zur Diskussion, sondern die Schreibweise seines Namens, bei der K selbst nicht besonders konsequent gewesen war. Die humanistische Form des Namens Copernicus konnte erst einmal nicht als Kompromiss dienen, da eine schwedische Firma zeitweilig die Rechte auf die Verwertung erworben hatte. -> Kapitel 1.2 Koppernigk, Copernicus, Kopernikus, Kopernik, S. 30.

Fazit/ Kommentar:

Die vielseitigen Vorteile des Fernerkundungssystems für die Erde sollten bitteschön den Namensgeber und großen Europäer in jeder Schreibweise ehren, ob Kopernikus, Copernicus oder Kopernik.

Nicht die Person bzw. der Name, sondern die Schreibweise Kopernik oder Kopernikus, ist in der EU-Kommission 2008 heftig umstritten. Da verzichtet man lieber erst einmal auf den großen Astronomen als Patron und Namensgeber eines europäischen Weltraumprojekts.

2008 EU-ropa: nicht einig unter all den Europäern? - 2020 Brexit, und dann?

Die Europaflagge wurde 1955 vom Europarat eingeführt und im Mai 1986 als Symbol für alle Institutionen der Europäischen Gemeinschaften übernommen. Heute gilt die Flagge als Symbol für die Institution Europäische Union und auch für die gelebte Einheit, in einem weiteren Sinne für die Identität Europas. Der Kreis der goldenen Sterne auf blauem Himmelsgrund steht für Solidarität und Harmonie zwischen den europäischen Völkern. Es gibt zwölf Sterne für alle Mitgliedsstaaten, weil die Zwölf traditionell ein Symbol der Vollkommenheit, Vollständigkeit und Einheit ist. Das zeigen schon seit alters die zwölf Apostel Jesu. Die Flagge bleibt folglich ungeachtet künftiger Erweiterungen der Union unverändert. Die EU hat seit 2008 28 Mitgliedstaaten. Polen ist mit Kopernik seit 2004 dabei. Großbritannien verabschiedet sich 2016 via Brexit-Referendum.

Ende gut, alles gut?

Nach vier Jahren Verhandlungsstillstand hat man sich in der EU-Kommission wieder besonnen. Seit dem 10. Dezember 2012 heißt das Erdbeobachtungsprogramm GMES (Global Monitoring for Environment and Security) wieder „Copernicus" – Ende der europäischen Posse nach vier Jahren. Die Verwertungsrechte mit dem lateinischen C im Namen waren wieder frei geworden. Kein Wort mehr zum Streit von gestern, dagegen eine weitere Laudatio:

„Mit der Namensänderung von GMES zu Copernicus würdigen wir einen großen europäischen Wissenschaftler und Naturbeobachter: Nikolaus Kopernikus. So wie er im 16. Jahrhundert auf geradezu revolutionäre Weise dazu beigetragen hat, unsere Welt besser verstehen zu lernen, so vermittelt uns auch das europäische Erdbeobachtungsprogramm ein tiefes Verständnis in Bezug auf unseren sich wandelnden Planeten, und es ermöglicht damit konkrete Maßnahmen zur Verbesserung der Lebensqualität der Menschen. Copernicus ist nun als Programm voll ausgereift und alle zugehörigen Dienste werden demnächst in Betrieb genommen", sagte am 10.12.2012 dazu der jetzt italienische Kommissionsvizepräsident Antonio Tajani, zuständig für Industrie und Unternehmertum, der Nachfolger des Deutschen Günter Verheugen. *http://ec.europa.eu/deutschland/press/pr_releases/11063_de.htm.*

Antonio Tajani aus Italien ist seit 2018 Präsident des Europäischen Parlaments, Nachfolger von Martin Schulz aus Deutschland.

Der Europäer Kopernikus schaut seit 2012 von oben auf die Erde... *>S. 139/209*

> ...auch Galileo Galilei schaut seit 2016 herab.

Galileo Galilei, 1564 – 1641, ein weiterer Patron fürs Weltall,
der erste Kopernikaner mit kosmischem Rang

Galileo, Satellitennavigation startklar

Seit 2003 befindet sich unter ziviler Kontrolle das europäische globale Satellitennavigations- und Zeitgebungssystem im Aufbau. Außer den Staaten der EU sind neun weitere Länder beteiligt (GNSS: Globales Navigations-satellitensystem, Sitz in Prag). Ab Dezember 2016 können Rettungsdienste, Autofahrer und Handynutzer in Europa auf bessere Navigationsdaten zurückgreifen. Gute Fahrt!

Rückblick
Raumsonde Galileo

1989 Start der Raumsonde Galileo; sie verglühte 2003 auf dem Planeten Jupiter; eine Mission der zivil kontrollierten NASA (National Aeronautics and Space Administration) zur Erforschung des Weltalls; Sitz Washington, D.C.

Galileo Galilei konnte 1610 mit einem von ihm nachgebauten Fernrohr die vier größten Jupiter-Monde entdecken. Mittlerweile werden 60 und mehr gezählt. Als überzeugter Kopernikaner wurde er vor die kirchliche Inquisition geladen und 1633 gezwungen, das Kopernikanische Prinzip nicht mehr als unumstößlich gegeben zu vertreten. Sein Problem: das Kopernikanische Prinzip galt in kirchlichen Kreisen nur als These, die erst 1837 von F. W. Bessel experimentell bewiesen wurde. Für Galilei war das heliozentrische Prinzip wie für K und uns heute eine Tatsache. Galilei blieb aber auch bei den kopernikanischen Kreisbahnen im Gegensatz zu den von seinem Zeitgenossen und zeitweiligen Brieffreund Kepler berechneten Ellipsen.

-> Kap. 5.1: Giganten auf den Schultern von Giganten, S. 128ff.
-> Kapitel 8.7: 1837 - Nach 300 Jahren der heliozentrische Beweis, S. 185ff.

2. „Und dieser Augenblick machte Epoche.“

A.D.1497

1495 bis 1503 in Bologna, Rom, Padua und Ferrara

2.1 *Die Studienjahre des Kopernikus (K) bis 1503*
> Biografie 2(4): Abschluss aller Studien

Am Domkapitel des Ermlandes in Frauenburg an der Ostsee wird K 1595 auf Betreiben des bischöflichen Onkels Watzenrode die Stelle eines der 16 Domherren zugesprochen, eine Lebensstellung, die per Wahl oder Akklamation durch die anderen fünfzehn Domherren legitimiert wird. Zwei Mitglieder waren verstorben. Auch sein Bruder Andreas bekommt unter den wachsamen Augen des Bischofs eine Stelle im Domkapitel zugewiesen.

K ist jetzt Kanoniker, der nach einem ‚Kanon' kirchlicher Regeln zu leben hat, im Wesentlichen Gehorsam in der Hierarchie der Kirche und Keuschheit. Unbedingter Gehorsam der Kleriker stabilisiert bis heute die Macht der Kirche. Der deutsche Papst Benedikt XVI. erneuert bei seinem Rücktritt vom Amt im Februar 2013 vor dem Kardinalskollegium sein Treuegelöbnis: "Unter euch ist auch der künftige Papst, dem ich meinen bedingungslosen Gehorsam und Ehrfurcht verspreche". Der Adressat des Gelöbnisses war der dann geheim gewählte absolute Souverän im Vatikan Papst Franziskus. Aus dem Laien K ist 1595 ein Kleriker geworden, dem Gehorsam und Glauben eins sind; als geweihter Diakon und Domherr ist er mit einer kirchlichen Pfründe ausgestattet – Treue gegen Lebensrente -, die seine regionale Versorgungsgrundlage ist und die er als Domherr selbst verwaltet. Vererbbarer Privatbesitz steht ihm nicht zu. Da er mit seinen Studien in Jura, Medizin und Astronomie einen anderen Weg als den der Theologie gegangen ist, entfällt die Priesterweihe. K ist promovierter weltlicher und kirchlicher Verwaltungsjurist. Der so geförderte Neffe darf sich aber als favorisierter Nachfolger seines Vormunds auf dem Sitz des Fürstbischofs in der Residenz Heilsberg, Bistum Ermland, fühlen. Sein drei Jahre älterer Bruder Andreas, ein denkbarer Konkurrent um das Wohlwollen des Onkels und seine Nachfolge, erkrankt 1508 an Lepra und wird aus dem Domkapitel entlassen; er stirbt 1514 in Italien an der unheilbaren Krankheit.

Das Hochschloss von Heilsberg (poln. Lidzbark),
Bischofsitz des Ermlands (Warminski)

Fürstbischof Lucas von Watzenrode (im Amt 1489–1512) erwartet auf dem Hochschloss von Heilsberg seinen Neffen Nikolaus nach langen Studienjahren aus Italien zurück, der ihm dann von 1503 bis 1510 als Privatsekretär zur Hand geht und auch als Leibarzt dient. K verdankt der Protektion des Onkels Ausbildung und Amt. Später residiert hier sein bester Freund Tiedemann Giese als Fürstbischof (ab 1549). K hat ihm 1543 unter seinen Schriften den „Commentariolus"/ Entwurf von 1506 und angeblich eine Spiegelskizze seiner selbst vererbt. -> Kapitel 2.4.: Ein Selbstbildnis des Kopernikus als Malvorlage? S. 61ff. Seine Bibliothek vererbt er üblicherweise dem Domkapitel vom Ermland. Fürstbischof Martin Cromer (1579–1589) ehrt als Erster 1580 K mit einem Epitaph (Grabinschrift); das kleine Denkmal ist allerdings unbeachtet verloren gegangen. Die genaue Begräbnisstätte K' im Dom zu Frauenburg war dann auch nicht mehr bekannt, anscheinend nicht gewollt, und ist erst 2005 mit dem Nachweis seines Totenschädels wieder aufgespürt worden. -> Kapitel 5.4: Pressefoto vom Domherrn K, S. 143ff.

1496 wandert oder reitet K mit seinem Bruder Andreas nach Italien, um in Bologna und Padua Rechtswissenschaften, nebenher Astronomie und später Medizin zu studieren. Das Domkapitel in Frauenburg hat ihn für den Studienaufenthalt in Italien von seinen Pflichten als Domherr freigestellt. 1499 erwirbt er den Magistergrad „in utroque iure" (beiderlei Rechts, des zivilen und des Kirchenrechts) und setzt seine Studien bis 1501 fort, um auch den Doktorgrad zu erlangen.

Sein Herzensinteresse gilt weiterhin den Sternen. Durch den Astronomen (und bestellten Astrologen) der Stadt Bologna Dominicus Maria Novara er-

hält er für seine Studien wesentliche Anregungen. *-> Kapitel 2.2: Die Sternstunde mit dem Mond am 9. März 1497, 22:45h, S. 48ff.* *Das Interesse für die Sterne und auch die Astronomie als Wissenschaft ist geweckt, nachdem er die Schrift Almagest des Astronomen Ptolemäus aus dem 2. Jahrhundert gelesen hat. Der galt der Kirche seit über 1000 Jahren als astronomische Autorität, weil er in der Nachfolge des Aristoteles ganz im Sinne der Bibel geozentrisch dachte und forschte.*

Im Jahr 1500 hält sich K laut Freund und Schüler Joachim Rhetikus zur Jahrhundertfeier in Rom auf, wo er angeblich als 27jähriger „Professor mathematum" astronomische und mathematische Vorträge halten darf - worüber und mit welchem Grad öffentlicher Anerkennung ist nicht überliefert. Ein gänzlich Unbekannter ist er jetzt jedenfalls im vatikanischen Rom nicht mehr. *-> Kapitel 4.3: Das Jahrhundert der Kalenderreform, S. 101ff.*

Sommer bis Herbst 1501 verbringt K in Frauenburg, um beim Domkapitel die Fortsetzung der finanziellen Unterstützung zu beantragen, und bekommt die Bewilligung, bis 1503 in Padua zusätzlich Medizin zu studieren. Den juristischen Doktortitel für das Kirchen- und das Zivilrecht erwirbt er am 31. Mai 1503 in Ferrara, angeblich weil das Anerkennungsverfahren dort problemloser, mit weniger finanziellem Aufwand lief als in Bologna. In Archiven von Ferrara kann man seine Promotionsurkunde heute noch einsehen. Auch seine medizinischen Studien beendet er, aber ohne Promotion. Aus heutiger Sicht war er kundiger Heilpraktiker, u. a. im Dienste seiner Amtsbrüder und Landsleute, in erster Linie aber vertrauenswürdiger Leibarzt seines Onkels und Vormunds, des Fürstbischofs.

Am Horizont des Fotos unten die Ostsee, das Frische Haff. Links unten im Bild die Wohnsitze der Domherren innerhalb der Burganlage Fromborg/ Frauenburg. K hat lt. Frauenburger Archiv auch außerhalb der Domburg ein Haus gehabt, in dem ihn seine Haushälterin Anna Schillings, Tochter eines Goldschmieds, standesgemäß versorgte, bis der neue Bischof Dantiscus 1538 das Lebens-, Liebes- und Arbeitsverhältnis der beiden beendete. Der protestantischen Reformation war die konsequente Rekatholisierung gefolgt. K fügte sich dem Zölibat mit 65 Jahren. Ab sofort standen ihm wieder Hausdiener zur Seite. *-> Kapitel 4.5: Anna liebt Nikolaus, S. 111ff.*

Die Kathedrale in Frauenburg im Bistum Ermland (poln. Warmia)

1503 wird K, mittlerweile dreißigjährig, in Frauenburg und in der Residenz Heilsberg zur Übernahme seiner Aufgaben als Diakon, Domherr und auch als Arzt dringend erwartet. Er hat den Bischof und die 15 Kollegen dort, das Domkapitel im Ermland, Geld und Zeit gekostet. Die nächsten sieben Jahre bis 1510 steht er erst einmal als vertrauenswürdiger Neffe und als rechte Hand dem Fürstbischof zur Verfügung. Das Ermland hat er nicht mehr verlassen.

Seit der Schul- und Studienzeit sind seine astronomische Fachkenntnisse und sein Problembewusstsein gewachsen; das befähigt ihn schließlich 1506 mit 33 Jahren im kurzen Manifest „Commentariolus“ / dt.Entwurf das revolutionäre heliozentrische Weltbild festzuhalten, bevor er sich dann jahrzehntelang neben seinen kirchenpolitischen und ärztlichen Aufgaben an die mathematische Ausarbeitung des astronomischen Hauptwerks „De Revolutionibus“/ dt. Umläufe macht. -> Kapitel 3.2: Entwurf eines neuen Himmels mit 33, S. 73ff.

Chronologische Fortsetzung der biografischen Kapitel im Kursivdruck:

2.2 Sternstunde mit Mond am 9. März 1497, 22:45 Uhr

Der Mond als ein Schlüssel zum Verständnis des Sonnensystems

In den Abendstunden am 9. März 1497, ein Donnerstag, hatten in Bologna der 24jährige Jurastudent K und sein verehrter Lehrer Dominicus Maria Novara wieder den Sternenhimmel durchgemustert. Im Jahr zuvor war K zum Studium in die Stadt gekommen und zum Glück für die Menschheit bei dem astronomisch fachkundigen Professor zahlungskräftiger Untermieter geworden. Der konnte durch studentische Zimmervermietung wie viele seiner Kollegen das knappe Gehalt aufbessern. Das Mittelalter, dessen Epochenwende zur Neuzeit man verallgemeinernd und bequemerweise auf das runde Jahr 1500 setzt, ging zu Ende, und der junge Mann war mit Unterstützung des Professors auf dem Weg, seine bahnbrechende Entdeckung des neuen Weltbildes für die beginnende Neuzeit zu machen, das Kopernikanische Prinzip.

Koppernikg, so ist K namentlich in Bologna eingeschrieben, studierte (neben Jura im Hauptfach) seit einem Jahr die Sterne, und Novara war im Auftrag der Stadt Astronom und Astrologe, eine über Italien hinaus bekannte Koryphäe auf seinem Gebiet. Die beiden Arbeitsbereiche Astronomie und Astrologie empfand man damals noch als Ergänzung und nicht wie heute als wissenschaftlich unvereinbar. Überzeugte Astronomen um 1500 und später, z.B. der zweite Kopernikaner Johannes Kepler, nahmen die Astrologie nicht unbedingt ernst – er nannte sie „närrisches Töchterlein" der Astronomie -, mit dem man allerdings bei der abergläubigen Herrschaftselite Geld verdienen konnte; das war für den kirchlich versorgten Diakon K keine Notwendigkeit.

Die beiden Astronomen konnten beobachten, wie der Abendstern, der Planet Venus, nach einer Schleife am Himmel im Nordwesten Bolognas ‚unterging', gefolgt von den Sternbildern Widder und Stier. „Und dieser Augenblick machte Epoche." (Kesten 1948, S.12). K hat im 4. Buch von „De Revolutionibus", 27. Kapitel, das er dem Mond widmet, diese besondere Situation mit Datum und Uhrzeit und als erste eigene astronomische Beobachtungsnotiz (von nachweisbaren 27; S. 180) festgehalten.

Ab 21 Uhr begann sich, durch die Erddrehung (nach links) von Osten kommend, der rote Riesenstern Aldebaran im Stier (scheinbar) unter den im ersten Viertel zunehmenden Mond zu schieben, bis der ihn kurz vor 23Uhr mit seiner linken Schattenseite bedeckt hatte (Aldebaran, arab.; deutsch: Nachfolger). K bezeichnet ihn lateinisch Palilicium, Stern der Hirtengöttin Pales; er schreibt: „...Wir (sein Lehrer Novara und er selbst,

S.K.) sahen bei diesem Abwarten am Ende der fünften Stunde der Nacht den Stern dicht an dem dunklen Teile des Mondkörpers zwischen den Hörnern des Mondes eben verschwinden ..." (der Zeitpunkt ist per Software rekonstruierbar; s. S. 50).

Abendmond, in dieser Gestalt (Bild) zunehmend, z in der Sütterlinschrift. Für den abnehmenden Morgenmond steht die Rundung im geschriebenen a.

Steht der Mond am Abendhimmel, ist er zunehmend, wie abgebildet, hier im ersten Viertel; die leuchtenden Spitzen werden nachvollziehbar von K als „Hörner" bezeichnet. Aldebaran kommt also wegen der Erddrehung scheinbar von ‚links'. Der Erdtrabant geht, während er zunimmt, jeden Tag etwa 50 Minuten später auf und dieselbe Zeit auch später unter. Ist er am Morgenhimmel sichtbar, nimmt er ab.

Der Mond stand am 9. März 1497 im ersten Viertel der abendlich zunehmenden Phase, sodass der Aldebaran, scheinbar von Osten kommend, hinter der (von der Sonne unbestrahlten) dunklen linken Mondhälfte verschwinden konnte. Soweit Bologna. Nun versetzte sich K im Perspektivwechsel an seinen ersten Studienort, die polnische Universitäts- und Königsstadt, von wo er nach Bologna gezogen ist; er schreibt weiter: „...und da Krakau fast 9 Grad östlicher liegt, so war die Krakauer Zeit 23 Stunden (‚Uhr', S.K.) und 26 Minuten, denen die Ausgleichung noch 4 Minuten hinzufügt." Minuten später ist die Venus im Westen ‚untergegangen' (s. in der Sternkarte S. 50 oben rechts).

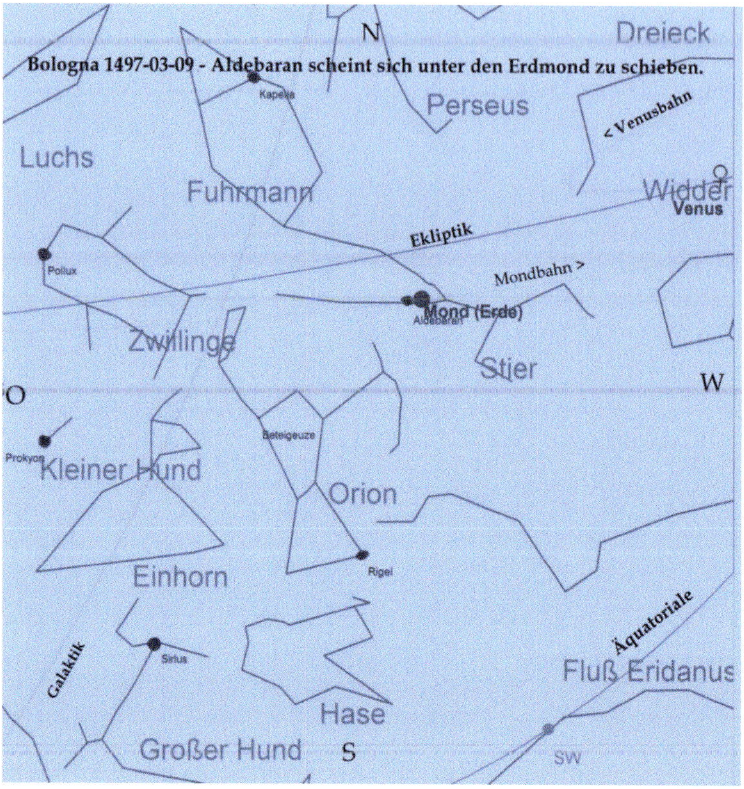

Sternkarte: Nachthimmel über Bologna, Norditalien, 1497–03–09, ca. 20 Uhr. Bologna hat die Koordinaten Breite 44.49 und Länge 11.33 Grad. Aus: PC- Planetarium Redshift 7, Dezember 2009

Erläuterungen zur Sternkarte

Ekliptik: Himmelsbahn der Sonne, der Planeten, Planetoiden und des (astrologischen sogen.) Tierkreises um die Erde. - **Galaktik:** Verlauf der sogen. Milchstraße (Galaxis), in der unser Sonnensystem zuhause ist.- **Äquatoriale:** der Erdäquator und seine Projektion an die scheinbare Himmelskugel, der Himmelsäquator.

Der sog. Tierkreis mit den zwölf Sternbildern wandert über den Nachthimmel wegen der Erdrotation nach links scheinbar von Ost nach West, der Mond kommt also von Osten zusammen mit dem Sternbild Stier und seinem hellsten Stern Aldebaran, der sich unter den unbeleuchteten Sektor des Mondes schiebt. Schließlich verschwinden Sternbild und Mond ca. 22 Uhr, 45 Minuten, hinterm Westhorizont. Der Aldebaran schimmert rot und wird deshalb als ‚blutunterlaufenes' Auge im Sternbild Stier gedeutet. Er gehört zu den hellsten Sternen und kann, weil er sich nahe der Ekliptik bewegt, bei Gelegenheit vom Erdmond bedeckt werden.

Die auffälligste Sternenkonstellation im Winter ist das sogen. Wintersechseck mit Aldebaran (im Sternbild Stier), Rigel (Orion), Sirius (Großer Hund), Prokyon (Kleiner Hund), Pollux (Zwillinge) und Kapella (Fuhrmann) als den hellsten Sternen in ihren Sternbildern (Sternkarte S. 50). Sie bewegen sich westwärts und gehen der menschlichen Wahrnehmung nach dort unter.

Ca. 22:45 Uhr ging der Mond am besagten Donnerstag mit dem von ihm verdeckten Stern Aldebaran im vorwärts laufenden Sternbild *Stier* hinter dem Westhorizont unter. Die Stadt Bologna, Italien, der Kontinent, der Erdball hatte sich weiter durch die Nacht gedreht, dem neuerlichen Sonnenaufgang im Osten entgegen.

Die beiden Wissenschaftler haben aus der Mondbewegung und der Bedeckung des Sterns durch den Mond für uns heute Selbstverständliches als wahrscheinlich angenommen, dass nämlich der Mond sich vor dem sogen. Fixsternhimmel als Trabant in festgelegter Bahn um die Erde bewegt und diese um die Sonne. Den 9. März 1497 hat K als erstes eigenes Beobachtungsdatum in seine astronomischen Notizen übernommen. Jahre später greift er auf die Beobachtungssituation zurück. (De Revolutionibus, 1543, Viertes Buch, 27. Kapitel „Bestätigung dessen, was über die Parallaxe des Mondes entwickelt ist").

Neun Jahre nach dieser Mondobservation bringt K seine Thesen in Kurzform (undatiert, ca. 1506) vorläufig zu Papier, die seit der Jahrhundertwende in seinen Gedanken mehr und mehr Gestalt angenommen haben und für ihn Realität geworden sind. Der mathematische Nachweis des neuen Weltbildes wird ihn so manche Nacht bis zu seinem Tode beschäftigen. -> Kapitel 3.2: Der Entwurf des neuen Himmels mit 33 Jahren, S. 73ff.

„Was aber ist schöner als der Himmel, welcher ja alles Schöne enthält? ...Wer würde nicht beim Erforschen (des Himmels) zu dem Besten angeregt und den Urheber des Alls bewundern, worin alles Glück und alles Gute besteht?" K, hier im Vorwort zu seinem Lebenswerk De Revolutionibus (1543), ist von der Schöpfung begeistert; kritische Erforschung, Erkenntnis und wissenschaftlicher Nachweis der Harmonie des Himmelsbaus erfüllen ihn. -> Kap. 3.3: Gottesdienst am Universum S. 79. f.

Der 9. März 1497 dürfte die Nacht sein, in der er als Erster ahnungsvoll die geozentrische These des Ptolemäus aus dem zweiten Jahrhundert nach Chr. in Frage stellt. Sein Lehrer Novara (gestorben 1504) war mit ihm einer Meinung, hatte aber die Sache auf sich beruhen lassen; schließlich war er für die Stadt Bologna auch als Astrologe tätig. Lange zweitausend Jahre Astronomiegeschichte galt das geozentrische Weltbild unangefochten, der griechisch-römischen Antike seit Aristoteles im 4. Jahrhundert v. Chr. und der arabischen Welt seit Avicenna um 1000 n. Chr. Der junge Mann dürfte in diesen Stunden, in dieser wunderbaren und erstaunlichen Nacht (lat. nox mirabilis), eine Vorstellung von der Perspektive seines Schöpfers auf die kosmische Welt gewonnen haben. Diese Sternstunde der Menschheit wird die Nacht der Kopernikanischen Wende, eine erste astronomische Datierung des Kopernikus mit 24 Jahren im Frühling 1497. „Und dieser Augenblick machte Epoche." (Hermann Kesten, 1948/ 1973, S.12). K hatte die beim Homo Sapiens generell entwickelte Fähigkeit angewendet, die Dinge virtuell auch von anderer Warte sehen zu können. Dem stand allerdings die Ideologie des christlichen geozentrischen Dogmas kompromisslos entgegen.

Seit Jahrzehntausenden ist der nächtliche Mond für die Menschheit magisch, faszinierend und immer wieder ein ganz besonderes Objekt auch präziser himmlischer Beobachtung durch Sternenfreunde. In unserer Zeit hat eine weltweite Gruppe von 500 Amateurastronomen, Mitglieder der *IOTA (International Occultation Timing Association* - Internationale Vereinigung zur Zeiterfassung bei Bedeckungen), immer wieder auch den Erdtrabanten im Visier. Wenn der Mond einen Stern zu bedecken beginnt, dieser bedeckt wird und wieder auftaucht, wird der Vorgang mit modernsten Teleskopen erfasst und kann auf die fünfzigstel Sekunde in der Bewegung gemessen werden. Die Mondbahn lässt sich durch die gleichzeitige Erfassung von vielen Standorten aus auf ein paar Meter genau berechnen; auch werden die z. B. durch Anziehungskräfte der Planeten bedingten Abweichungen von der langfristig vorausgesagten Bahn festgehalten.

Die IOTA entstand 1986, nachdem die US-Raumfahrt im Rahmen ihres Weltraumprogramms Interesse auch an der Mitarbeit von Astronomen außerhalb ihrer Behörde gezeigt hatte. Fast 500 Jahre zuvor war der junge K ein Mann der ersten Stunde der neuzeitlichen Mondobservation durch das Prinzip der Bedeckung.

Der Mond als einziger Trabant der Erde hat die Menschen schon immer fasziniert. Seit neuestem glaubt man, Wasser nachweisen zu können. Die Polkappen sind vereist.

Der Mond als ein Schritt zum Verständnis des Sonnensystems

Die (Helligkeits-) Phasen des Mondes, z.B. Halbmond oder Vollmond, werden durch die Stellung des Mondes im Verhältnis zur Erde und zur Sonne bestimmt. In ungefähr 27,5 Tagen läuft der Mond einmal um die Erde; zur gleichen Zeit bewegt sich auch die Erde eine Strecke um die Sonne. Wohl steht der Mond nach diesem Umlauf an der gleichen Stelle des Himmels, die Helligkeitsphase aber hat sich durch den anderen Sonnenstand geändert. Zwei weitere Tage müssen vergehen, damit der Mond wieder in der gleichen Phase scheint, er steht aber dann in einem anderen Sternbild.

So lässt sich wahrnehmen, dass der Mond um die Erde und die Erde auch um die Sonne läuft. Der Mond als ein erster Schritt zum Verständnis des Sonnensystems! Dies dürfte K schon 1497 als Ansatz zur kopernikanischen Wende erkannt haben. Seine Frage: Könnte nicht mathematische Berechnung (entgegen der allzu menschlichen augenscheinlichen Alltagserfahrung) für die antike Sonnentheorie Aristarchs um 300 vor Chr. sprechen, die allerdings nur in Querverweisen tradiert ist? Aristarch sollte später rückblickend freundlicherweise der „griechische Kopernikus“ genannt werden. Beide werden gegenseitig geehrt.

Wegen der nicht wahrnehmbaren scheinbaren Parallaxe(nbewegung) von weit entfernten Sternen blieb das Zentralsystem mit der Sonne erst einmal unbewiesen. Auch Aristarch vermutete schon, dass die minimalen parallaktischen Bewegungen für die Sterne wegen ihrer Entfernung mit dem bloßen Auge nicht erkennbar waren. Erst Augenschein und dazu kritisches Nachdenken in Kombination konnten alternative Sichtweisen eröffnen. Der Astronom Friedrich Wilhelm Bessel hat über 300 Jahre später (1837) den heliozentrischen Beweis erbracht. -> Kapitel 8.7: 1837 - Nach 300 Jahren der heliozentrische Beweis, S. 185.

2.3 Raffael malt Kopernik*us* am Rande

Hat er ihn überhaupt (an-)getroffen?

So vieles ist fragwürdige Deutung, wenn wir auf die Geschichte zurückschauen, auch auf K. Die Wahrnehmung ist immer vom subjektiven Erkenntnisinteresse geleitet. Das lehrt Immanuel Kant. Vorurteile sind bequem, sie scheinen vermeintliches Wissen abzusichern und vermitteln vielleicht auch Aufmerksamkeit. Folgende Frage als Präzedenzfall zum Blick in den fernen Spiegel: Wer ist wer in Raffaels Fresko *Die Schule von Athen* (um 1510)? Hat Raffael den dann 37jährigen K im Kreise berühmter Astronomen porträtiert, rechts unten ganz am Rande? Wollte er ihn würdigen, protegieren oder hatte K schon seit 1500 einen Namen in Rom? Es darf spekuliert werden.

Raffael, Die Schule von Athen, Fresko ca. 1510, Vatikan – hier die Gesamtansicht; dazu s. u. S. 55 ein Ausschnitt, das rechte Fünftel

Das über sechs Meter lange berühmte große Fresko *Die Schule von Athen* (um 1510) aus den Gemächern des Papstes im Vatikan mit all den bekannten antiken Philosophen und Wissenschaftlern, die sich unter klassischen Rundbögen einem Publikum, dem wissbegierigen Bildbetrachter, präsentieren, ist das Werk Raffaels, der auch die *Sixtinische Madonna* mit seiner Freundin als Maria gemalt hat (in der Dresdener Gemäldegalerie Alter Meister). Das Großgemälde aus den päpstlichen Stanzen gilt wie die ,*Six-*

tina' als Meisterwerk der Hochrenaissance und ist im Auftrag des aufgeschlossenen Papstes Julius II. (1503 bis 1513) entstanden, der die Antike, den Philosophen Platon und seinen kritischen Schüler Aristoteles (beide in der oberen strahlenden Mitte) und über 50 andere wissenschaftliche und philosophische Sinnstifter aus der Vergangenheit in die Gegenwart der Jahrhundertwende um 1500 geholt wissen wollte: die malerische Wiedergeburt der griechisch- römischen Antike in der italienischen Renaissance.

Über die Identität von ca. acht Porträtierten ist sich die Wissenschaft einig, z.B. auch des Astronomen Ptolemäus (2. Jh.) in Rückenansicht mit Krone unten rechts im goldenen Umhang. Zeigt der Bildausschnitt unten eine Gruppe von Astronomen im zweitausendjährigen Streit über die Sonne oder aber die Erde im Zentrum des Universums? Soll K (möglicherweise ganz rechts in Weiß) aus der Sicht des jungen Raffaels der Schiedsrichter im Sinne der Sonne sein? Im Bild schaut man jedenfalls fragend auf ihn. Der Kosmos im Wissenschaftsdiskurs.

Links: Raffael, Die Schule von Athen (um 1510), Vatikan, Fresko, Ausschnitt rechtes Fünftel (Breite ca. 1.20m; Gesamtansicht s. S. 54). Wer ist hier wer? Ptolemäus in Rückenansicht unten rechts, mit Krone und dem dunklen Erdglobus fest in beiden Händen, gilt als gesichert. Hinter ihm Philolaos mit einem Himmelsglobus auf den Fingerspitzen seiner Rechten. Unten links: Archimedes gebückt mit Zirkel und mit Schülern (?).
Rechts: Leonardo da Vinci, „Salvatore Mundi" (um 1500), Öl auf Walnussholz, 66X 46cm; 2017 für die Rekordsumme 384 Millionen Euro verkauft: Jesus als „Erlöser der Welt". In seiner Linken eine Kristallkugel, der Erd- oder der Himmelsglobus? Das Spiritual von 1927 beschwört die Gewissheit der Existenz des christlichen Gottes: „He's Got the Whole World in His Hands..."

K dürfte um 1510 ein noch kaum beschriebenes Blatt in der Geschichte der neuzeitlichen Astronomie gewesen sein; auf Augenhöhe links hinter ihm der junge Maler Raffael im Selbstbildnis; Ptolemäus (von hinten), mit einem Erdglobus fest in beiden Händen, ist der kirchlich unumstrittene Vertreter der geozentrischen These; links vor ihm balanciert Philolaos (5. Jh. v. Chr.), antiker Gewährsmann des K, einen bestirnten Himmelsglobus auf der rechten Hand; oben in der ersten Reihe von rechts: zwei Figuren, die das Trio der Astronomen mit Raffael unten fixieren, dann Kleanthes mit (Schlag-) Stock, ein erklärter Feind und Zeitgenosse des links stehenden Aristarchs, der mit seiner Rechten etwas unter seinem Umhang verbirgt (seine inkriminierte, verschollene Schrift mit der heliozentrischer Lehre?) und mit seiner Linken entschieden auf den Himmelsglobus des favorisierten Philolaos unter sich zeigt: die heliozentrische Lehre des K wird demnach schon kurz nach der Jahrhundertwende 1500 publik und kontrovers behandelt. - Die Angaben zu dieser Bilddeutung sind nachvollziehbare Annahmen.

Es könnte aus heutiger Sicht tatsächlich Sinn machen, K mit dieser Figur ganz rechts, weißes Barett auf dem Kopf, zu identifizieren, das junge Mannesalter und die Physiognomie widersprechen dem nicht. So jedenfalls legt es ein Bildnis nahe, das wir von ihm überliefert haben, allerdings erst ca. 40 Jahre nach seinem Tode gemalt. -> Kapitel 2.4: Ein Selbstbildnis als Malvorlage, S. 61. Die bekannte kräftige Nase und das fast schulterlange dunkle Haar hat er damals um die Jahrhundertwende zwar mit vielen anderen gemeinsam, doch könnte es mit einigen Begründungen K wirklich selbst sein – so eine neuere Sicht auf die „Schule von Athen“ des großen Raffael de Santi. (Frank Keim, „Giorginismus“ in Raffael Sanzios „La scuola di Atene, 1508 -1510, Universität Ulm 2005). Auf welchem Weg der junge Astronom K ins Bild kommt, wäre zu klären.

Wichtiges Zeugnis legen möglicherweise die beiden Gesprächspartner des K im Fresko ab. Ptolemäus (2. Jh.), kirchlich anerkannter und favorisierter Vertreter des geozentrischen Systems in der Nachfolge des Aristoteles (4. Jh. v. Chr.), hält, mit dem Rücken zum Betrachter, einen Erdglobus fest in den Händen, da die Erde ja vermeintlich *geozentrisch* unverrückbar ist. Ihm gegenüber, mit dem Gesicht zum Betrachter, der Pythagoreer und ältere Zeitgenosse Platons Philolaos (ca. 5. Jh. v. Chr.), der auf den Fingerspitzen seiner rechten Hand einen Himmelsglobus frei beweglich balanciert. Er ist Vertreter eines harmonisch geordneten Kosmos und frühester antiker Gewährsmann des K für eine bewegliche Erde, einer Vorstufe der heliozentrische These: Erde, Mond, auch die Sonne und die bekannten (auch ohne Hilfsmittel sichtbaren) Planeten Merkur, Venus, Mars, Jupiter und Saturn kreisen um ein *zentrales Feuer*. Philolaos und der vierzig Jahre jüngere Platon haben sich gekannt und gehören zu den in Vorrede und Einleitung von „*De Revolutionibus*“ (1543)/ Umläufe des K vorrangig namentlich genannten Autoritäten. Aristoteles, der antike Geozentriker und seit dem Kirchenlehrer Thomas von Aquin (13. Jh.) der Hausphilosoph für die katholische Kirche, der berühmteste Schüler und Kritiker Platons, kommt bei K als astronomische Autorität an hervorgehobener Stelle nicht vor.

Platon kennt und bedenkt die heliozentrische These und merkt laut K die zeitgenössischen Unzulänglichkeiten bei der *Berechnung der Gestirnbewegungen* kritisch an (De Revolutionibus I.11 – Zekl S.149). Für Platon ist die empirische Natur bloßes Abbild der reinen Ideen, und die Naturwissenschaft kann mit Hilfe der Mathematik womöglich zu dieser geistigen Welt, der *Weltseele*, führen. Die Mathematik ist in ihrer höchsten Form die Astronomie selbst. Sie weist auch dem Diakon K den Weg zur Erkenntnis der göttlichen Himmelsharmonie, in der letztlich Gott selbst erkannt wird; nach antiker, auch platonischer Auffassung ist dies *der sichtbare Gott* (Zekl, 238).

Linkes Bild (Ausschnitt: ‚Die Schule von Athen'; ca. 1510 – Gesamtbild S. 54). Der Maler Raffael links blickt fragend auf einen souverän und wissend lächelnden jungen Mann, vielleicht K (wie im rechten Bild?)
Rechtes Bild: Gemälde von 1580, Vorlage für das allgemeine Kopernikus-Bild bis heute, auch auf polnischen Münzen und Geldscheinen. -> Kapitel 2.4: Ein Selbstbildnis des Kopernikus als Malvorlage? S. 61 ff.

Die Ideenlehre Platons und die Kosmologie des Philolaos liefern K nach eigenem Bekunden die wichtigsten historischen Anstöße für sein astronomisches Lebenswerk „De Revolutionibus“(1543)/ Umläufe. Hier findet er einen guten Ansatzpunkt über die Beweglichkeit der Erde nachzudenken (De Revolutionibus, Vorrede - Zekl 75). Der Mathematiker und Astronom Aristarch von Samos (um 300 v. Chr.), später auch schon mal der 'griechische Kopernikus' genannt, wird von K zur Bestätigung des älteren Philolaos erwähnt; er ist K nur über Zitate als Vertreter eines heliozentrischen Weltbildes geläufig, z. B. seines Zeitgenossen Archimedes, des berühmten

Mathematikers, Ingenieurs und Erfinders. Das spätere heliozentrische Werk Aristarchs ist verschollen, das geozentrische überliefert.

Das Trio unten ganz rechts in Raffaels Fresko (S. 55) steht offensichtlich in einem argumentativen Spannungsverhältnis, Raffael hat sich dazu gemalt und schaut neugierig fragend zu. Zwischen den beiden Astronomen Philolaos und Ptolemäus liegt über ein halbes Jahrtausend. Der Himmelsglobus des einen steht gegen den Erdglobus des anderen, und die Wissenschaftler blicken beide wie auch Raffael selbst fragend auf die K - Figur. Er soll offensichtlich astronomisch entscheiden und entscheidet sich mit seinem Werk De Revolutionibus (1543), dessen Grundlagen er schon zu Anfang des Jahrhunderts (ca. 1506) formuliert hat, für den dem Betrachter zugewandten Philolaos, der schon vor zweitausend Jahren die Erde für bewegt hielt. -> Kapitel 3.2: Entwurf eines neuen Himmels mit 33 Jahren, S. 73ff. Der geozentrische Ptolemäus, geehrt mit Krone und im königlichen Goldmantel, bleibt bei Raffael demonstrativ gesichtslos.

Von Ptolemäus liegen erst aus späterer Zeit Idealbilder vor, der vermutliche Philolaos dagegen ist im Erscheinungsbild erstmalig von Raffael erfunden worden. Und woher nimmt Raffael das Gesicht des K? Ist er auch Erfindung oder doch körperlich, speziell physiognomisch, für Zeitgenossen wieder zu erkennen? Raffael könnte ihn oder ein Bild von ihm gesehen und dann porträtiert haben. Damit hätte das junge Maler - Genie den zehn Jahre älteren astronomischen Rebellen im Vatikan bildlich platziert und so offen protegiert. Eine schlüssige These, ohne weitere Belege, wie es erst einmal scheint. Hat K etwas von seiner angeblichen bildlichen Verewigung im Vatikan um 1510 erfahren? War er später vom Fresko her in Rom bekannt und ist er auch deswegen vom Papst eingeladen worden, an der anstehenden Kalenderreform 1514 mitzuarbeiten? -> Kapitel 4.3: Das Jahrhundert der Kalenderreform, S. 101ff.

Spätmittelalterliches(?) Idealporträt: Ptolemäus, Astronom, 2.Jh., Verfasser des astronomischen Standardwerks Almagest, das seit der kopernikanischen Wende im 16. Jahrhundert in der Grundaussage überholt ist. Der Jakobsstab in seiner Rechten dient zur Bestimmung des Höhenwinkels eines Sterns. –

de.wikipedia.org

Exkurs: Wie Kopernikus ins Bild gekommen sein könnte

K lebt von 1496 bis 1503 in Italien (mit einer Unterbrechung im Jahre 1501 in seiner Heimat Ermland an der Ostsee). 1500 ist er nachweislich in Rom, Ende 1501 bis Anfang 1503 auch in Padua und Ferrara. -> Kapitel 2.1: Die Studienjahre des Kopernikus (K) bis 1503, S. 44ff.

In Fachkreisen besteht nun kein Zweifel, dass Raffael zu Beginn des neuen Jahrhunderts zu Studienzwecken u. a. des Doms San Antonio ebenfalls in Padua war (ab 1504 arbeitete er in Florenz, ab 1508 in Rom), er könnte also K hier zwischen 1501 und 1503 durchaus getroffen haben. Beide jungen Männer durften sich Magister nennen, beide hatten hochfliegende Pläne, der eine als Künstler und Architekt, der andere als Astronom, beide hatten in Kinderjahren die Eltern verloren und einflussreiche Onkel als familienbewusste entschiedene Förderer. 1506 begegnet Raffael hier Albrecht Dürer, der wegen eines Rechtsstreits mit einem Kopisten extra aus Nürnberg angereist war.

Da Raffaels Förderer und Onkel Donato Bramante, Architekt und Maler, sich seit 1499/1500 in Rom aufhielt, wird sein Neffe Raffael ihn hier besucht haben. Er arbeitet wenig später mit ihm zusammen und folgt ihm 1514 auf dem Posten des leitenden Architekten für den Neubau des Petersdoms (seit 1504/06). Weil K 1500 zu den Jahrhundertfeiern in Rom war, spricht wenig dagegen, dass es auch schon in Rom zu einer Begegnung und zu einer Porträtskizze gekommen ist, die Raffael zu seinen Unterlagen nimmt. Eine solche findet auch Tiedemann Giese, bester Freund des K, nach dessen Tod in den Unterlagen, die verloren gegangen ist. Die Zeichnung soll allerdings andererseits ein im Spiegel gezeichnetes Selbstporträt sein, so sein einziger Schüler Joachim Rhetikus. Was hat K ihm genau erzählt?

Es sei darauf hingewiesen, dass der in der Schule von Athen (1510) porträtierte fragliche Kopernikus - Kopf einem Selbstporträt Sodomas, Spitzname eines Malerkollegen Raffaels, ähnelt. -> Kapitel 2.4: Ein Selbstbildnis des Kopernikus als Malvorlage? S. 61ff. Vielleicht hat aber auch Raffael, so wie er Platon durch die Physiognomie des großen zeitgenössischen Künstlers Leonardo da Vinci ins Bild bringt, dem K das Gesicht Sodomas gegeben – zuviel der spekulativen Kombination? - Haben sich Raffael und Kopernikus also tatsächlich getroffen?

An der Anwesenheit des schon früh selbständig arbeitenden und gefragten Malers Raffael in Padua ist nicht zu zweifeln. Gerade S. Antonio, eine Kirche in Padua, muss Raffael genau gekannt haben. In seiner Habilitationschrift von 1895 über Raffael und Donatello hat Wilhelm Vöge gezeigt, dass Raffael das Altarwerk Donatellos in Padua gesehen, ja noch mehr, dasselbe genau studiert und danach gezeichnet habe. Das Beweismaterial Vöges ist so überwältigend, dass an der Tatsache selbst und an der Anwesenheit Raffaels in Padua kaum gezweifelt werden kann. Die Sammlung der Uffizien in Florenz bewahrt heute noch eine Skizze Raffaels nach einem der Altarreliefs in S. Antonio. Schon der Kunsthistoriker Robert Vischer war vorher zur gleichen Überzeugung gekommen, und auch sein Kollege Josef Strzygowski neigt zur Annahme, dass Raffael vor seiner römischen Zeit in Oberitalien war. (aus: Max Ermers, Die Architekturen Raffaels, Strassburg 1909, S. 62f. in: http://www.archive.org/stream/diearchitekturen00emeruoft/diearchitekturen00emeruoft_djvu.txt)

K war jedenfalls nachweislich bis 1503 wie Raffael in Padua und Ferrara. Dann begann für ihn ein neuer wichtiger Lebensabschnitt in Heilsberg als Leibarzt bei seinem Onkel Watzenrode, dem Fürstbischof des Ermlands. Der Neffe bringt hier seine im Ansatz wohl schon in Italien durchdachte heliozentrische These ca. 1506 auf wenigen Seiten zu Papier: den „Commentariolus", das astronomische Manifest zum Beginn der Neuzeit. Auch dies verschwindet erst einmal, taucht aber Ende des 19. Jahrhunderts als Abschrift wieder auf.

Vielleicht wartet auch in irgendeiner (alten) Bibliothek ein Buch aus dem 16. Jahrhundert mit der eingelegten Malvorlage des K (oder Raffaels?) auf seinen Entdecker. -> Kapitel 3.2: Entwurf eines neuen Himmels mit 33 Jahren, S. 73ff.

Und sind nicht erst anno 2008 im Frauenburger Dom die sterblichen Überreste des K durch eine DNA-Analyse identifiziert worden, nachdem man in einem Buch aus seinem Besitz ein Haar gefunden hatte und mit einem Zahn des Frauenburger Totenschädels erfolgreich abgleichen konnte? Verschollene Geschichten bringen sich manchmal überraschend selbst an den Tag. -> Kapitel 5.4: Pressefoto vom Domherrn, S. 143ff.

2.4 Ein Selbstbildnis des Koperni*kus* als Malvorlage?

K und die Kopien seiner selbst

Das früheste, sicher datierbare und vielleicht authentische Porträt des großen Astronomen K (1473-1543) wird ungefähr 30 Jahre nach seinem Tode gemalt (S. 62). Es ist sinnigerweise am Gehäuse der astronomischen Uhr im Straßburger Münster zu sehen. Der Maler hat sein Modell nicht mehr persönlich gekannt und die besondere Entstehungsgrundlage des Gemäldes in diesem (auf Latein) gleich mitgeteilt: „Wahres Abbild des Nikolaus Kopernikus, abgemalt von seinem Selbstbildnis". Der ungewöhnliche Beleg, eine Steintafel, groß wie ein Schutzschild, macht ein Viertel des Bildes aus und soll die Authentizität des Dargestellten auch für die Nachwelt dokumentieren. Die Attribute zu seinen Füßen, Zirkel, Kegel und Quadrant, weisen ihn als Mathematiker und Astronomen aus, die Heilpflanze Maiglöckchen in seiner Hand, ein Herzmittel aus mittelalterlicher Rezeptur, verrät den kundigen Arzt und geachteten Menschenfreund.

Nikolaus Kopernikus – Ölgemälde auf Kiefernholz (1571 - 1574) von Tobias Stimmer, das erste Kopernikus – Porträt ca. 30 Jahre nach seinem Tod – nach einer Vorlage von Raffael oder K selbst?

Die kritische Frage zum Gemälde von Tobias Stimmer muss lauten: Sah Kopernikus tatsächlich so aus wie dargestellt? Natürlich wünschen sich die Nachgeborenen, alle Kopernikanerinnen und Kopernikaner, ein genaues Bildnis des Mannes, der ihr Weltbild gegen alle Sinneswahrnehmung grundlegend neu gestaltet hat: die Sonne statt der Erde im Zentrum (des damals bekannten Kosmos). Zu seinen Lebzeiten hatte man daran wenig Interesse, umso größer die Spekulationen um Bild und Charakterbild seit der zweiten Hälfte des 19. Jahrhunderts, Die erste große Biografie schreibt Leopold Prowe 1878. 1837 war der heliozentrische Beweis im Sinne K' erbracht. -> Kap. 8.7, Nach 300 Jahren der heliozentrische Beweis, S. 185.

„Dieses Ganzfigurenporträt zeigt Copernicus in mittlerem Alter mit kinnlangem Lockenhaar. Eine (...) Inschrift auf dem Gemälde verweist auf eine bemerkenswerte Vorlage (...).Was diese Inschrift sagen will, bleibt umstritten, doch ist in diesem Zusammenhang immer wieder von einem Selbstbildnis des Dargestellten die Rede." (Gudula Metze 2004). Die Hinweise auf die bemerkenswerte Malvorlage gehen im Einzelfall spekulativ bis auf die Studienzeit des K um 1500 in Italien zurück.

Über 60 weitere Porträts werden bis ins 18. Jahrhundert gemalt (in: Band IX der Biographia Copernicana, 9 Bände, Berlin 1974 bis 2004). Alle Bildnisse des ca. 30jährigen sind augenscheinlich physiognomisch ähnlich und wohl alle anverwandelte Kopien derselben Vorlage, nämlich angeblich der verschwundenen Spiegel - Skizze, eines Selbstbildnisses des jungen Kopernikus oder doch gleich von der Hand des großen Raffael, italienischer Maler und Architekt der Hochrenaissance? -> Kap. 8.1: Kopernikanische Bildergalerie ab 1574, S. 174; S. 54ff.

1580

1973

Links: Nikolaus Kopernikus, Ölgemälde auf Eichenholz, um 1580, mutmaßlich nach einer verloren gegangenen Originalvorlage geschaffen, vielleicht einem Selbstbildnis. Das Gemälde ist das zweite Kopernikus- Porträt 37 Jahre nach seinem Tod.
Rechts: Nach 500 Jahren verkörpert der Pole Andrzej Kopiczynski den leibhaftigen K im Film; Stirnfransen und V-Ausschnitt bleiben sein Markenzeichen. („Kopernik", 1973, Regie Ewa und Czeszlaw Petelsci, Warschau).

K ist in unserer Zeit auf Münzen, Briefmarken, polnischen Geldscheinen, Denkmälern oft gut wieder zu erkennen, sogar in einer digitalen kriminologischen Rekonstruktion von 2008 als 70jähriger, aber ob die Darstellungen wiederholt kopiertes Idealbild irgendeiner Vorlage oder getreue Wiedergabe der historischen Persönlichkeit sind (schön wär's!), ist und bleibt fraglich.

Oben: Blick zu den Sternen: Kopernikus- Büste (1807), ab 1842 in der patriotischen Ruhmeshalle Walhalla, Regensburg, ehemals Königreich Bayern; die Stirnfransen bleiben sein Markenzeichen. Ein erstes deutsch- patriotisches Denkmal für K; Bildhauer ist Gottfried von Schadow, der 1794 auch die Quadriga auf dem Brandenburger Tor als Denkmal für Preußens Gloria geschaffen hat. Heute gilt sie mit dem Brandenburger Tor als nationales Symbol der Wiedervereinigung und K als Europäer. –
Unten links: Sowjetische Briefmarke, 10 Kopeken, UdSSR 1973 zum 500. Geburtstag – Unten rechts: polnische Banknote, 1000 Zloty, gültig bis 1995

2.5. Das Maiglöckchen des Kopernik*us*

Symbol der Medizin, des Frühlings, der Wiederauferstehung Christi und auch des Liebesglücks

K mit Maiglöckchen, Kupferstich von Nicolaus Reusner, 1587, ein Titelblatt.

Bildzeilen im Folgenden sinngemäß angepasst:

„Nicolaus Copernicus, Mathematiker

Die Sonn' mir steht/ um sie läuft die Erd'/
Gott geb', was immer daraus werd'.
Dies kann beweisen meine Kunst/
die nicht bei allen steht in Gunst.
Starb im Jahr 1541."

Das hier 1587 angegebene Todesjahr 1541 geht fehl; jetzt gilt das Jahr 1543.

Viele der ‚abgekupferten' Porträts von K, dessen wahre Physiognomie bis heute im Halbdunkel bleibt, zeigen ihn mit Stirnfransen, eher nach links als wie hier nach rechts gescheitelt, mit kräftiger Nase, im (roten) Wams mit V-Ausschnitt und oft auch, wie der vorliegende Kupferstich, mit Maiglöckchen in der Rechten, hier in der Linken; es gilt im Mittelalter wie z. B. die Stechpalme wegen des heilenden Pflanzengifts als Heilkraut aus der Apotheke Gottes. Das herzstärkende Maiglöckchen weist den Porträtierten in erster Linie als kundigen Arzt aus. Ein direkter Sinnzusammenhang des Porträts mit dem astronomischen Vierzeiler fehlt. Die heliozentrische Lehre des K hat sich dem holprigen Gedicht nach gegen Ende des 16. Jahrhunderts bei weitem nicht durchgesetzt. Nur der Arzt bleibt mit Bildsymbolik im Gedächtnis.

In den bildlichen Darstellungen des späten Mittelalters dienen die Attribute bzw. Symbole zu Personen der Information des Betrachters. In anderen Darstellungen des K sind astronomische Geräte berufliche Erkennungssymbole wie der wohl von ihm selbst gebastelte Dreistab zur Bestimmung des Höhenwinkels eines Sterns.

Das Maiglöckchen löst beim Betrachter im 16. Jahrhundert weitere Assoziationen aus: es ist die Blume Marias, heißt auch Marienglöckchen, und soll der Legende nach aus den Tränen der Mutter Maria entstanden sein, die sie unter dem gekreuzigten Jesus vergossen hat.

Kelchglas, beschädigt, mit gekreuzigtem Christus in der Mitte und Maiglöckchen in Größe des Kreuzes, links und rechts am Gefäß erkennbar. - Farbloses Glas mit Emailbemalung und Goldblattauflage, Höhe 14,5 cm, Böhmen, 16. Jahrhundert, Museum Lüneburg

Das Maiglöckchen ist nach der heidnischen Tradition des Christentums ein Symbol des Frühlings, des Glücks, der Liebe und des Endes allen Kummers – heidnisch: Ende des beschwerlichen Winters, christlich: des Lebens im irdischen Jammertal und der Erlösung auf dem Weg ins Paradies. K mit Maiglöckchen zeigt dem Zeitgenossen den Mediziner und katholischen Christen in einer Person.

„Kreuz und Maiglöckchen"; Ansichtskarte im Silberdruck zu Ostern, Fest der Auferstehung: „All Easter Joys be Yours" (vgl. a. Johannes – Evangelium 20, 1-18) – Hier: das Kreuz nach der Auferstehung des Gekreuzigten als Fenster in den blauen Himmel; die Maiglöckchen prangen an seiner Stelle.
Frühes 20. Jahrhundert/ www.ak-center.de

Der kräftige, erotisierende Duft des Maiglöckchens verkündet den Frühling und lässt uns gern auf andere Gedanken kommen, passend zur Jahreszeit. Die Germanen haben das Blümchen der Göttin Ostara zugeordnet, der Göttin des Frühlings und der Fruchtbarkeit. Heidnische Traditionen werden ins Christentum übernommen und wirken nach: aus Ostara wird Ostern. Das Maiglöckchen gehört heute noch in jeden Brautstrauß. Wer es am ersten Mai bei sich trägt, dem ist das Glück das Jahr über sicher.

Die Bildbotschaft des seit Alters vielfältig interpretierbaren Maiglöckchen-Symbols in der Hand des K lautet: er ist kundiger Arzt, gelehrt, lebensfroh und auch fest im Glauben. Er hat die hohe Anerkennung seiner Zeitgenossen als Arzt erfahren, allerdings keine erotisch irdische Liebe auf Lebenszeit.
->Kapitel 4.5: Anna liebt Nikolaus, S. 111ff. Das Zölibat galt für Bischof, Priester und Diakon, auch für die mit nur niederen Weihen wie K, der, weil ohne Theologiestudium, kein Priester werden konnte.

Die Durchsetzung des zölibatären Kirchengesetzes bedeutete im Falle des 65jährigen K die Trennung von seiner langjährigen Haushälterin Anna Schillings. Dafür hat 1538 der neue Fürstbischof des Ermlands Johannes

Dantiscus persönlich mit Nachdruck gesorgt, der Anna Schillings „scortum“ (lateinisch; Hure) genannt hatte, allerdings selbst – Zölibat hin oder her – ein Kind, die Tochter Maria, in die Welt gesetzt und ausgestattet hatte. Das Lesen der Schriften des verheirateten ‚Ketzers‘ Luther wurde unter des Fürstbischofs Herrschaft schwer bestraft. Die allgemeine Rekatholisierung gegen den reformatorischen Aufschwung war päpstlicher Auftrag.

Eine Kopernikus-Medaille mit Maiglöckchen, 1983 zu seinem 510. Geburtstag Entwurf: Zofia Demkowska (Akademia Sztuk Pieknych in Warschau); Ausführung: Raymond Corbin (Ecole des Beaux Arts, Paris). Auf der Rückseite der Dom zu Frombork/ Frauenburg www.artmedal.ne

Von einem umfassenden Verständnis der Symbolik des Maiglöckchens im 16. Jahrhunderts dürfte für den modernen Betrachter der Medaille oben wenig geblieben sein. In der rechten Mitte der Medaille auf einer Kreisbahn um den Kopf ist andeutungsweise die winzige Erde mit Mondbahn zu sehen. K, der Heliozentriker, selbst als Sonne? Kosmische Verehrung seiner Person war sicher nicht in seinem zurückhaltenden Sinn und erst recht nicht zeitgemäß für einen Menschen im christlichen 16. Jahrhundert. Die spekulative Säkularisierung ab dem 19. Jahrhundert macht aus dem genialen Wissenschaftler eine Ikone, einen polnischen ‚Nationalheiligen‘ von Welt. Stirnfransen und V- Ausschnitt bleiben seine Markenzeichen.

3. Das Manifest der Neuzeit

K: Vision und Zielsetzung mit 30 Jahren

1503 bis 1510 beim Fürstbischof und Patenonkel in Heilsberg

3.1 Die ersten Berufsjahre des Kopernikus (K) bis 1510

> Biografie Teil 3(4): Privatsekretär, Arzt, Philologe und Astronom

*Als **Diakon** (‚Diener' der Kirche) tritt K ab 1503 im Hochschloss von Heilsberg in den Rollen des Privatsekretärs, des Leibarztes, des Philologen und des Astronomen auf – in dieser Rangordnung ist das siebenjährige Beschäftigungsverhältnis des Dreißigjährigen in der Beziehung zu seinem fürstbischöflichen Onkel dort zu sehen.*

Hochschloss Heilsberg, Bischofssitz des Ermlands, Druck von 1920 http://www.heilsberg.org/seiten/geschichte-schloss.html

1503 hat K Italien endgültig den Rücken gekehrt. Erst sieben Jahre später nimmt er 1510 seine Aufgaben als Domherr in Frauenburg auf; bis dahin braucht ihn der Onkel auf seinem Bischofssitz in Heilsberg und kann ihn an sich binden. K hat mit 30 Jahren in Bologna, Padua und Ferrara alle seine Studien in Jura, Medizin und Astronomie beendet und besteht jetzt in der Bischofsresidenz erst einmal einen Praxistest. Er ist seinem großen Gönner zu großem Dank verpflichtet. Der fürstbischöfliche Onkel Watzenrode wird in ihm einen möglichen Nachfolger gesehen haben, ein zeitüblicher Protektionismus zur Stabilisierung und Bewahrung (kirchen-) politischer Geschäftsgrundlagen auf (bluts-) verwandtschaftlicher Ebene. Ob ihm der Neffe auch seine astronomische Rebellion hin zum heliozentrischen Weltbild anvertraut hat, ist eher fraglich. Aus der Zeit in Heilsberg bis 1510 gibt es in diesem Punkt keinen Hinweis.

Im Hochschloss Heilsberg (poln. Lidzbark) verfasst K 1506 auf sechs Doppelseiten das revolutionäre astronomische Manifest der Neuzeit: Die Sonne gehört ins Zentrum des Alls, nicht die Erde. Schriftliche Aufzeichnungen über Sonnenauf- und –untergänge aus der Heilsberger Zeit des K finden sich im Archiv des Schlossmuseums. Der große Turm der Schlossanlage war vorübergehend seine Sternwarte (Bild S.70, rechts). Dass er dort die kopernikanische Wende erstmals zu Papier brachte, dürfte dem traditionell denkenden Fürstbischof entgangen sein.

Der große Turm, K' astronomische Station, hat heute ein Spitzdach wie die anderen Türme (s. Bild S.70).

In Bologna hat K als Mittzwanziger noch (Alt-) Griechisch so gut gelernt, dass er als ***sprachgelehrter Philologe*** *in Heilsberg im Ermland ein einmaliges Debüt gibt und die „Epistolae" (Briefe) des byzantinischen Schriftstellers Theophilactus Simocattes aus dem Griechischen ins Lateinische übersetzt, die 1509 in Krakau gedruckt erscheinen. Er widmet die erbaulichen Episteln in großer Dankbarkeit seinem Förderer und Patenonkel. Die Übersetzungsarbeit ist als konformistisches Zugeständnis an die traditionelle Gelehrsamkeit zu verstehen. Man unterhielt sich in kirchlichen und Gelehrtenkreisen auf Latein und hatte nicht immer Kenntnisse in (Alt-) Griechisch. Sein Onkel, der 1512 stirbt, kann in seinen letzten Lebensjahren die unterhaltsam– moralischen, manchmal auch anzüglichen Texte jetzt auch selbst auf Latein lesen. Des Griechischen war er, dem K die Übersetzung in Liebe und Verehrung widmet, wohl nicht allzu mächtig, sonst hätte der Neffe sich die Arbeit für ihn sparen können.*

K macht sich schließlich von seinem Patenonkel unabhängig und verlässt ihn, um am Dom zu Frauenburg mit 37 Jahren ab 1510 endlich auf Dauer seinen Posten als einer von 16 ***Domherren*** *wahrzunehmen. Schon zwei Jahre später wählen ihn die Kollegen erstmalig zum Kanzler, ihrem Vorsitzenden.*

Allerdings hatte er in seiner Heilsberger Zeit auch Gelegenheit gefunden, seine kreative Neugier und seinen Forscherdrang das erste Mal auszuleben: er findet spätestens hier seine Lebensaufgabe und seine Berufung als Sternenfreund. Zu Beginn der sieben Jahre bei seinem Onkel in der Heilsberger Residenz, nicht weit von Frauenburg entfernt, entsteht das Manifest der Neuzeit, der Commentariolus, ein kurzer revolutionärer ‚Entwurf', den er 1506 33jährig verfasst. Sein Bologneser heliozentrisch gleichgesinnter Lehrer Novara war seit zwei Jahren tot, und K war ihm die Niederschrift schuldig. Auf knappen zehn Seiten entwirft der **Astronom** *das heliozentrische System, hält es aber noch unter Verschluss. Eine Druckausgabe kommt für ihn erst einmal nicht in Frage. Allerdings kursieren bald Abschriften, die wohl auch bis in den Vatikan gelangen.* *-> Kapitel 2.3: Raffael malt Kopernikus am Rande, S. 54ff.*

Die zwei zentralen Thesen, die den Schöpfungsakt in der Bibel der Katholiken und dann auch der anderen reformierten christlichen Religionen astronomisch auf den Kopf stellen, lauten: „Alles, was an Bewegung am Fixsternhimmel sichtbar wird, ist nicht von sich aus so, sondern von der Erde aus gesehen… Die Erde bewegt sich um ihre Achse und täuscht somit den Himmelsumschwung nur vor." *-> Kapitel 3.2: Der Entwurf des neuen Himmels mit 33 Jahren, S. 73ff.*

Chronologische Fortsetzung der biografischen Kapitel

3.2 Der Entwurf des neuen Himmels mit 33 Jahren

Das Manifest der Neuzeit von 1506 heißt „Commentariolus“ (Entwurf)

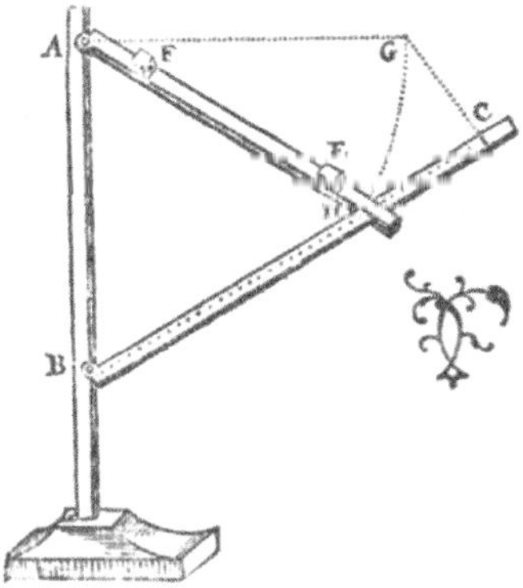

Dreistab (lat. Triquetrum) des K, Museum Amsterdam 1617

Der Dreistab ist das astronomische Gerät des K zur Positionsbestimmung von Mond, Planeten und Fixsternen. Er taugt allerdings nicht als Hilfsmittel zum experimentiellen Nachweis des neuen heliozentrischen Systems. Zur präzisen Beobachtung von Sternparallaxen im fernen Kosmos ist er hoffnungslos ungenau. Das war K bewusst. Er hat sich ausführliche Gedanken „Über die Unermesslichkeit des Himmels…“ gemacht (De Revolutionibus, Kapitel I.6, Überschrift). Erst im 18. Jh. tritt der Sextant, ein nautisches Gerät zur Messung von Winkeln, an die Stelle des Dreistabs.

Den *Dreistab* hat Kopernikus benutzt, angeblich auch selbst gebaut und die Messskala (BC; s. Skizze oben) mit Tinte beschriftet. Das schlichte Gerät besteht aus drei ‚Linealen' und wurde seit Ptolemäus (2. Jh.) auch *parallaktisches Lineal* genannt. Man erkennt einen senkrechten Stab (AB), an dessen oberer Spitze ein zweiter schwenkbar angebracht ist (AD). An der unteren Seite des gleichschenkligen Dreiecks ist ein beweglicher langer dritter Stab mit einer Längseinteilung, dem Messstab, befestigt. Der Mond bzw. der Planet wird anvisiert und die Richthöhe des beweglichen Stabes lässt sich auf der Skala des unteren ablesen. Der festgelegte Wert wird mit einer ‚Sehnentafel' verglichen (tabellarische Umrechnung von Mittelpunktswinkeln in Sehnenlängen; ein Vorgänger der Sinustafel) und der dazugehörige Winkel abgelesen. Damit hat man die Höhe eines Gestirns im Abstand zum Zenit bzw. zum Horizont gemessen.

Das astronomische Gerät diente seit alters her zur Bestimmung der Mondparallaxe, der Mondverschiebung, und wurde deshalb auch *parallaktisches Instrument* genannt. Um eine Parallaxe der viel weiter entfernten Sterne nachzuweisen, war der Dreistab aber einfach zu grob gebaut, bei weitem zu ungenau. K war sich der zu großen Entfernung der Sterne bewusst - die denkbaren scheinbaren Verschiebungen am Himmel waren und sind aus irdischer Sicht minimal und ohne Fernrohr nicht messbar. Deswegen hatte auch der große dänische Astronom Tycho de Brahe noch gegen Ende des 16. Jahrhunderts das heliozentrische System des K abgelehnt; ihm fehlte der praktische Nachweis der Sternparallaxe zur Widerlegung der Geozentrik. Ähnlich der Standpunkt der Kirchenvertreter im Inquisitionsprozess gegen Galilei, Vatikan 1633. -> Kapitel 8.7: Nach 300 Jahren der heliozentrische Beweis, S. 185

Kann man mit diesem handgefertigten Winkelmesser aus Holz ein Weltsystem neu bestimmen und revolutionieren? Welche Bedeutung das Gerät neben weiteren damals gängigen astronomischen Geräten wie Astrolabium, Armillarsphäre und Quadrant für die neue Weltsicht des Kopernikus hatte, ist nicht ohne Weiteres nachvollziehbar; dem Ptolemäus und anderen Astronomen hatte er zur Festlegung geozentrischer Daten gedient, mehr nicht. Auf diesem fachlich experimentellen Niveau ist K zeitlebens geblieben.

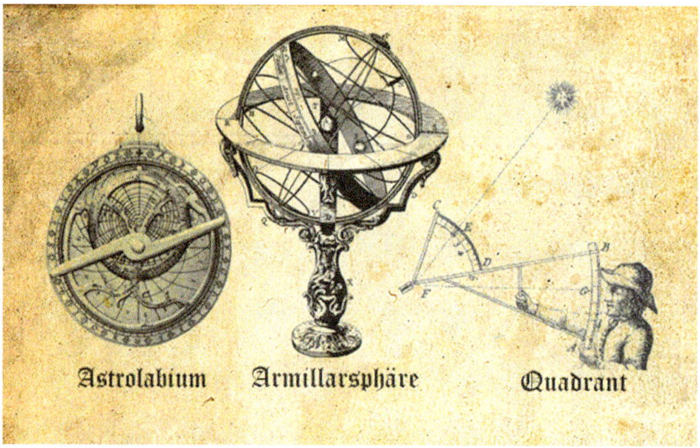

K arbeitete mit der damals üblichen Ausstattung: zusätzlich zum Dreistab also mit Astrolabium, Armillarsphäre und Quadrant. Es waren simple Geräte, mit denen man etwa den Winkel eines Himmelskörpers über dem Horizont messen konnte, z. B. den Stand der Sonne; eindrucksvoll die Armillarsphäre, ein Himmelsglobus mit mehreren gegeneinander drehbaren Reifen. K hatte sein Triquetrum (Dreistab) selbst gebaut und sich bei Ptolemäus kundig gemacht. Ohne Zweifel verstand er sich aber eher als theoretischer (und gläubiger), denn als empirischer Astronom. Da mussten ihm andere wie Galilei und Kepler erst folgen. -> Kapitel 5.1: Giganten auf den Schultern von Giganten, S. 128ff.

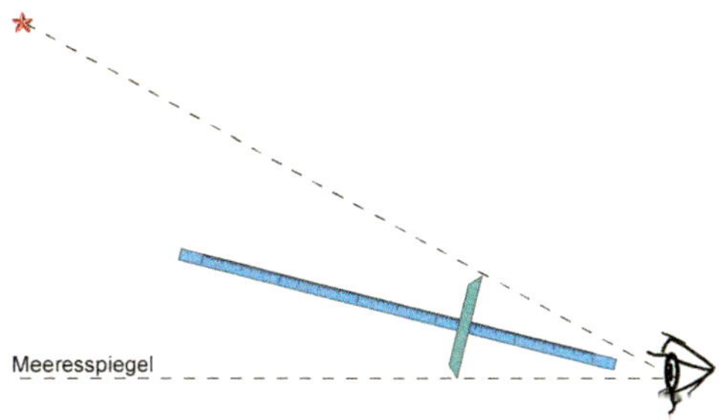

Bestimmung des Höhenwinkels eines Sterns über dem Meeresspiegel mit Hilfe eines Jakobsstabs, in der Nautik ein einfacher Vorläufer des Sextanten
http://de.wikipedia.org/wiki/Jakobsstab

In seinem Hauptwerk *De revolutionibus* (1543) beschäftigt sich Kopernikus mit der Mondparallaxe und hat dafür ein erstes Datum aus seiner Studentenzeit notiert: den 9. März 1497 in Bologna. -> Kapitel 2.2: Sternstunde mit Mond am 9. März 1497, 22:45 Uhr, S. 48. Überlegungen zur Mondparallaxe führen ihn und seinen Lehrer, den Astronomen (und Astrologen) Novara, offensichtlich zur Annahme, dass die Erde mit dem Mond als Trabanten eine Eigenbewegung hat. Der lichtstarke Stern Aldebaran im Sternbild Stier schiebt sich, von Osten kommend, nur scheinbar nach Westen unter den unbeleuchteten Teil des (zunehmenden) Viertelmonds. Entweder das komplette Sternenzelt rotiert oder eben die Erde. Für diese Einsicht hätte er allerdings keinen Dreistab oder sonstige Gerätschaften gebraucht, und so war in K letztlich der Genius gefragt, der kreatives alternatives Denken und theoretisches Wissen vereint und über Überlegungen und Messungen zur Mondparallaxe der sogen. kopernikanischen Wende auf die Spur kommt. -> Kapitel 7: Die Kopernikanische Wende: „Königin der Revolution“, S. 157ff.

Und wann ist ihm erstmals die Idee von der zentralen Sonne gekommen? Hat er erst in seiner italienischen Studienzeit den revolutionären Grundgedanken gefasst? Kam ihm die Idee schon in den ersten Studiensemestern in Krakau (1491- 1494) an der berühmten späteren Jagiellonen-Universität? Darüber lässt sich bestenfalls spekulieren. Jedenfalls hat er am Anfang des neuen Jahrhunderts seine Thesen zu Papier gebracht, offensichtlich in der Bischofsresidenz Heilsberg, Ermland, wohin er nach Abschluss aller Studien zitiert worden ist und ab 1503 sieben Jahre lang dem bischöflichen Onkel und Vormund als Diakon und Leibarzt diente. In der Zeit um 1506 hat K vermutlich hier in der als „Commentariolus“/ Entwurf bekannt gewordenen Schrift, die nur in handschriftlichen Exemplaren weitergegeben wurde, erste Annahmen von der zentralen Stellung der Sonne im Planetensystem zu Papier gebracht und die sich hieraus ergebenden möglichen Folgerungen für die Jahreslänge und damit für den Kalender angesprochen. Aus der nicht präzise aufs Jahr zu belegenden Da-

Mit dem ersten Entwurf für ein heliozentrisches Weltbild (1506) erregte K die Aufmerksamkeit einiger der damaligen Fachgelehrten und sicher auch das Interesse der katholischen Kirchenoberen. Denn nur so ist es zu erklären, dass man sich schon bald nach Bekanntwerden des *Commentariolus* von kirchlicher Seite mit der Bitte um Vorschläge für eine Kalenderreform an den Astronomen wandte. Doch K lehnte die vom Papst Leo X. († 1521) erwartete Mitarbeit ab, wohl auch aus dem Grund, weil er zu jenem Zeitpunkt für seine im *Commentariolus* vertretenen Thesen keine mathematischen Beweise hatte. Nachdenkliches Zögern bestimmte sein Verhalten bis zum Lebensende; schließlich wollte er unwidersprochen die 2000 Jahre alte geozentrische astronomische Lehre widerlegen und handelte zudem gegen seinen kirchlichen Auftrag als Diakon, das Evangelium mit der Schöpfungsgeschichte vom Menschen und von der Erde als gottgewolltem Mittelpunkt hochzuhalten und auch die Gläubigen zu lehren; das Evangelium, das Buch der Bücher, war ihm bei der Weihe zum Diakon, zum Diener der Kirche und Assistenten des Bischofs, von diesem feierlich vertrauensvoll in die Hände gelegt worden. Den Onkel und Mäzen, der 1512 starb, wollte er wohl nicht mit dem Entwurf enttäuschen bzw. auf die alten Tage überfordern. Der mathematische Beweis stand nach eigenem Eingeständnis noch aus; der experimentelle kam erst nach 300 Jahren. -> Kapitel 8.7: 1837 – Nach 300 Jahren der heliozentrische Beweis, S. 185

In den 1530er Jahren wurde der nun ca. 60-jährige von verschiedenen Seiten zur Publikation, d.h. zum Druck seiner endgültigen, umfassenden Ausarbeitung gedrängt, die er Anfang des Jahrzehnts im Wesentlichen abgeschlossen hatte. Erst 1542/3 angesichts des Todes ließ er dann zu, dass sein Hauptwerk komplett veröffentlicht wurde. Ein Bote oder der Herausgeber Osiander selbst – so eine schöne Erzählungsvariante – brachte den Erstdruck aus Nürnberg seinem Autor ans Sterbebett in Frauenburg, ca. 1000 Kilometer weit per Kutsche, über eine Woche Anreise.

Osiander hatte eigenmächtig den Titel „De Revolutionibus“ zur Hypothesenschrift verwässert. Auf dem Deckblatt wurde die antike pythagoräische Warnung auf Griechisch ausgesprochen, die die Wissenschaft zum Selbstzweck erklärt hatte: *Keiner ohne Ahnung von Mathematik (Geometrie) soll hier eintreten!“)* Dagegen war allerdings für Gelehrte auch die verkaufsfördernde Aufforderung auf Latein zu lesen: *“Igitur eme, lege, frue!”* *(‚Also kauf‘, lies und genieße!‘).* Mit griechisch- lateinischem Klappentext dialektisch auf Kundenfang, s. S.124.

Beachtliche 1000 Exemplare wurden 1543 vom Erstdruck ausgeliefert. Wer konnte und wollte für den Text bezahlen? Das Lateinische war die Verkehrssprache der katholischen Kirche und der Universitäten. Die weitaus meisten Menschen um 1500 waren Analphabeten. – Die Erstauflage von Luthers „Septembertestament“ von 1522 (die Bibelübersetzung vom Neuen Testament ins Deutsche) umfasste 3000 Exemplare, war schneller

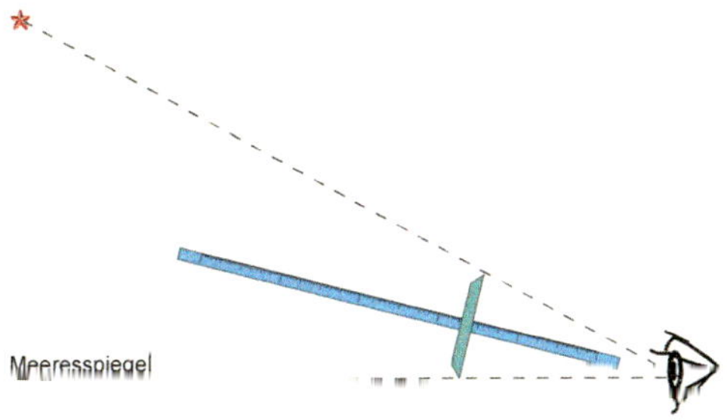

Bestimmung des Höhenwinkels eines Sterns über dem Meeresspiegel mit Hilfe eines Jakobsstabs, in der Nautik ein einfacher Vorläufer des Sextanten
http://de.wikipedia.org/wiki/Jakobsstab

In seinem Hauptwerk *De revolutionibus* (1543) beschäftigt sich Kopernikus mit der Mondparallaxe und hat dafür ein erstes Datum aus seiner Studentenzeit notiert: den 9. März 1497 in Bologna. -> Kapitel 2.2: Sternstunde mit Mond am 9. März 1497, 22:45 Uhr, S. 48. Überlegungen zur Mondparallaxe führen ihn und seinen Lehrer, den Astronomen (und Astrologen) Novara, offensichtlich zur Annahme, dass die Erde mit dem Mond als Trabanten eine Eigenbewegung hat. Der lichtstarke Stern Aldebaran im Sternbild Stier schiebt sich, von Osten kommend, nur scheinbar nach Westen unter den unbeleuchteten Teil des (zunehmenden) Viertelmonds. Entweder das komplette Sternenzelt rotiert oder eben die Erde. Für diese Einsicht hätte er allerdings keinen Dreistab oder sonstige Gerätschaften gebraucht, und so war in K letztlich der Genius gefragt, der kreatives alternatives Denken und theoretisches Wissen vereint und über Überlegungen und Messungen zur Mondparallaxe der sogen. kopernikanischen Wende auf die Spur kommt. -> Kapitel 7: Die Kopernikanische Wende: „Königin der Revolution", S. 157ff.

Und wann ist ihm erstmals die Idee von der zentralen Sonne gekommen? Hat er erst in seiner italienischen Studienzeit den revolutionären Grundgedanken gefasst? Kam ihm die Idee schon in den ersten Studiensemestern in Krakau (1491- 1494) an der berühmten späteren Jagiellonen-Universität? Darüber lässt sich bestenfalls spekulieren. Jedenfalls hat er am Anfang des neuen Jahrhunderts seine Thesen zu Papier gebracht, offensichtlich in der Bischofsresidenz Heilsberg, Ermland, wohin er nach Abschluss aller Studien zitiert worden ist und ab 1503 sieben Jahre lang dem bischöflichen Onkel und Vormund als Diakon und Leibarzt diente. In der Zeit um 1506 hat K vermutlich hier in der als „Commentariolus"/ Entwurf bekannt gewordenen Schrift, die nur in handschriftlichen Exemplaren weitergegeben wurde, erste Annahmen von der zentralen Stellung der Sonne im Planetensystem zu Papier gebracht und die sich hieraus ergebenden möglichen Folgerungen für die Jahreslänge und damit für den Kalender angesprochen. Aus der nicht präzise aufs Jahr zu belegenden Da-

Mit dem ersten Entwurf für ein heliozentrisches Weltbild (1506) erregte K die Aufmerksamkeit einiger der damaligen Fachgelehrten und sicher auch das Interesse der katholischen Kirchenoberen. Denn nur so ist es zu erklären, dass man sich schon bald nach Bekanntwerden des *Commentariolus* von kirchlicher Seite mit der Bitte um Vorschläge für eine Kalenderreform an den Astronomen wandte. Doch K lehnte die vom Papst Leo X. († 1521) erwartete Mitarbeit ab, wohl auch aus dem Grund, weil er zu jenem Zeitpunkt für seine im *Commentariolus* vertretenen Thesen keine mathematischen Beweise hatte. Nachdenkliches Zögern bestimmte sein Verhalten bis zum Lebensende; schließlich wollte er unwidersprochen die 2000 Jahre alte geozentrische astronomische Lehre widerlegen und handelte zudem gegen seinen kirchlichen Auftrag als Diakon, das Evangelium mit der Schöpfungsgeschichte vom Menschen und von der Erde als gottgewolltem Mittelpunkt hochzuhalten und auch die Gläubigen zu lehren; das Evangelium, das Buch der Bücher, war ihm bei der Weihe zum Diakon, zum Diener der Kirche und Assistenten des Bischofs, von diesem feierlich vertrauensvoll in die Hände gelegt worden. Den Onkel und Mäzen, der 1512 starb, wollte er wohl nicht mit dem Entwurf enttäuschen bzw. auf die alten Tage überfordern. Der mathematische Beweis stand nach eigenem Eingeständnis noch aus; der experimentelle kam erst nach 300 Jahren. -> Kapitel 8.7: 1837 – Nach 300 Jahren der heliozentrische Beweis, S. 185

In den 1530er Jahren wurde der nun ca. 60-jährige von verschiedenen Seiten zur Publikation, d.h. zum Druck seiner endgültigen, umfassenden Ausarbeitung gedrängt, die er Anfang des Jahrzehnts im Wesentlichen abgeschlossen hatte. Erst 1542/3 angesichts des Todes ließ er dann zu, dass sein Hauptwerk komplett veröffentlicht wurde. Ein Bote oder der Herausgeber Osiander selbst – so eine schöne Erzählungsvariante – brachte den Erstdruck aus Nürnberg seinem Autor ans Sterbebett in Frauenburg, ca. 1000 Kilometer weit per Kutsche, über eine Woche Anreise.

Osiander hatte eigenmächtig den Titel „De Revolutionibus" zur Hypothesenschrift verwässert. Auf dem Deckblatt wurde die antike pythagoräische Warnung auf Griechisch ausgesprochen, die die Wissenschaft zum Selbstzweck erklärt hatte: *Keiner ohne Ahnung von Mathematik (Geometrie) soll hier eintreten!")* Dagegen war allerdings für Gelehrte auch die verkaufsfördernde Aufforderung auf Latein zu lesen: *"Igitur eme, lege, frue!" (‚Also kauf', lies und genieße!')*. Mit griechisch- lateinischem Klappentext dialektisch auf Kundenfang, s. S.124.

Beachtliche 1000 Exemplare wurden 1543 vom Erstdruck ausgeliefert. Wer konnte und wollte für den Text bezahlen? Das Lateinische war die Verkehrssprache der katholischen Kirche und der Universitäten. Die weitaus meisten Menschen um 1500 waren Analphabeten. – Die Erstauflage von Luthers „Septembertestament" von 1522 (die Bibelübersetzung vom Neuen Testament ins Deutsche) umfasste 3000 Exemplare, war schneller

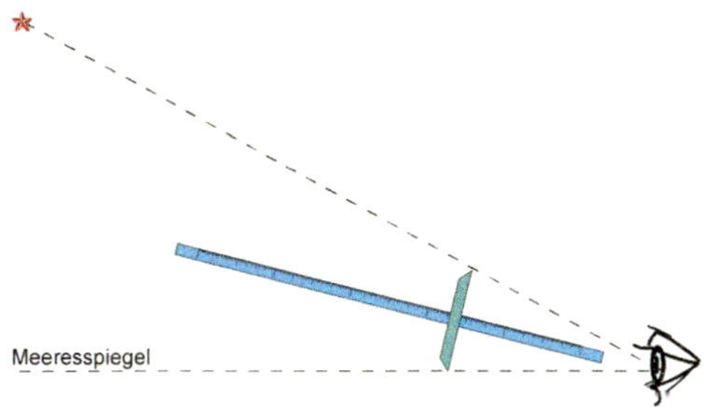

Bestimmung des Höhenwinkels eines Sterns über dem Meeresspiegel mit Hilfe eines Jakobsstabs, in der Nautik ein einfacher Vorläufer des Sextanten
http://de.wikipedia.org/wiki/Jakobsstab

In seinem Hauptwerk *De revolutionibus* (1543) beschäftigt sich Kopernikus mit der Mondparallaxe und hat dafür ein erstes Datum aus seiner Studentenzeit notiert: den 9. März 1497 in Bologna. -> Kapitel 2.2: Sternstunde mit Mond am 9. März 1497, 22:45 Uhr, S. 48. Überlegungen zur Mondparallaxe führen ihn und seinen Lehrer, den Astronomen (und Astrologen) Novara, offensichtlich zur Annahme, dass die Erde mit dem Mond als Trabanten eine Eigenbewegung hat. Der lichtstarke Stern Aldebaran im Sternbild Stier schiebt sich, von Osten kommend, nur scheinbar nach Westen unter den unbeleuchteten Teil des (zunehmenden) Viertelmonds. Entweder das komplette Sternenzelt rotiert oder eben die Erde. Für diese Einsicht hätte er allerdings keinen Dreistab oder sonstige Gerätschaften gebraucht, und so war in K letztlich der Genius gefragt, der kreatives alternatives Denken und theoretisches Wissen vereint und über Überlegungen und Messungen zur Mondparallaxe der sogen. kopernikanischen Wende auf die Spur kommt. -> Kapitel 7: Die Kopernikanische Wende: „Königin der Revolution", S. 157ff.

Und wann ist ihm erstmals die Idee von der zentralen Sonne gekommen? Hat er erst in seiner italienischen Studienzeit den revolutionären Grundgedanken gefasst? Kam ihm die Idee schon in den ersten Studiensemestern in Krakau (1491- 1494) an der berühmten späteren Jagiellonen-Universität? Darüber lässt sich bestenfalls spekulieren. Jedenfalls hat er am Anfang des neuen Jahrhunderts seine Thesen zu Papier gebracht, offensichtlich in der Bischofsresidenz Heilsberg, Ermland, wohin er nach Abschluss aller Studien zitiert worden ist und ab 1503 sieben Jahre lang dem bischöflichen Onkel und Vormund als Diakon und Leibarzt diente. In der Zeit um 1506 hat K vermutlich hier in der als „Commentariolus"/ Entwurf bekannt gewordenen Schrift, die nur in handschriftlichen Exemplaren weitergegeben wurde, erste Annahmen von der zentralen Stellung der Sonne im Planetensystem zu Papier gebracht und die sich hieraus ergebenden möglichen Folgerungen für die Jahreslänge und damit für den Kalender angesprochen. Aus der nicht präzise aufs Jahr zu belegenden Datierung der Schrift und aus der Beobachtungsnotiz des 9. März 1497 über den Mond könnte man schließen, dass K sich auf die Astronomie als das Thema seines Lebens schon früher, nämlich in seiner Studentenzeit, festgelegt haben könnte. Die eigentliche große Arbeit, die Verschriftlichung im *opus magnum*, begann allerdings erst einige Jahre nach Abfassung der Problemskizze. In dieser frühen Arbeit von ca. 1506 mit dem vollständigen Titel *Nicolaus Copernicus De hypothesibus motuum coelestium a se constitutis commentariolus* (*Nicolaus Copernicus über die Erklärungsgrundlagen der Bewegungen am Himmel, von ihm selbst aufgestellt in einem kurzen Bericht*) beschreibt der Dreißiger die Grundzüge seines heliozentrisches Weltbilds mit der Theorie von der Sonne als Mittelpunkt der Planetenkreise und der durch die Drehung der Erde nur scheinbaren festzustellenden Bewegung der Fixsterne. Auch kündigte er in dieser Schrift, in einer guten halben Stunde auf knappen zehn Seiten zu lesen, eine mathematische Ausarbeitung seiner Theorien an. Die Überschrift hat offensichtlich der erste Abschreiber hinzugefügt (Roßmann 1947; Zekl 2006, S.3).

Den handschriftlichen „*Commentariolus*" /*Entwurf* machte K nur engsten Vertrauten zugänglich. Trotzdem lernten und lehrten wohl einige zeitgenössische astronomische Fachkollegen auch auf der Basis dieser hypothetischen Arbeit, in der er das neue heliozentrische System für die Überlieferung in der knappen Form eines *Manifests* verschriftlicht hatte. Der Text galt als verschollen und tauchte erst ab 1877 in Abschriften wieder auf, die bearbeitet, einander angeglichen und veröffentlicht wurden. Die in dem Frühwerk von ca. 1506 in Form von Axiomen wiedergegebenen Gedanken haben folgenden Wortlaut:

Commentariolus/ Entwurf *(ca. 1506)*

„1) Für alle Himmelskörper oder Sphären gibt es nicht nur einen Mittelpunkt.

2) Der Erdmittelpunkt ist nicht der Mittelpunkt der Welt, sondern nur der der Schwere und des Mondbahnkreises.

3) Alle Bahnkreise umgeben die Sonne, als stünde sie in aller Mitte, und daher liegt der Mittelpunkt der Welt in Sonnennähe.

4) Das Verhältnis der Entfernung Sonne - Erde zur Höhe des Fixsternhimmels ist kleiner als das vom Erdhalbmesser zur Sonnenentfernung, so dass diese gegenüber der Höhe des Fixsternhimmels unmerklich ist.

5) Alles, was an Bewegung am Fixsternhimmel sichtbar wird, ist nicht von sich aus so, sondern von der Erde aus gesehen. Die Erde also dreht sich mit den ihr anliegenden Elementen in täglicher Bewegung einmal ganz um ihre unveränderlichen Pole. Dabei bleibt der Fixsternhimmel unbeweglich als äußerster Himmel.

6) Alles, was uns bei der Sonne an Bewegungen sichtbar wird, ent-

steht nicht durch sie selbst, sondern durch die Erde und unseren Bahnkreis, mit dem wir uns um die Sonne drehen, wie jeder andere Planet. Und so wird die Erde von mehrfachen Bewegungen dahin getragen.

7) Was bei den Wandelsternen als Rückgang und Vorrücken erscheint, ist nicht von sich aus so, sondern von der Erde aus gesehen. Ihre Bewegung allein genügt also für so viele verschiedenartige Erscheinungen am Himmel.

Mit diesen Voraussetzungen nun will ich kurz zu zeigen versuchen, wie gut die Gleichförmigkeit der Bewegungen gewahrt werden kann. Hier jedoch glaubte ich, der Kürze halber mathematische Beweise fortlassen zu sollen und behalte sie mir für ein größeres Werk vor.." (Nach einer Übersetzung von F. Roßmann, Nikolaus Kopernikus, Erster Entwurf seines Weltsystems, München 1948, S.10 -12)

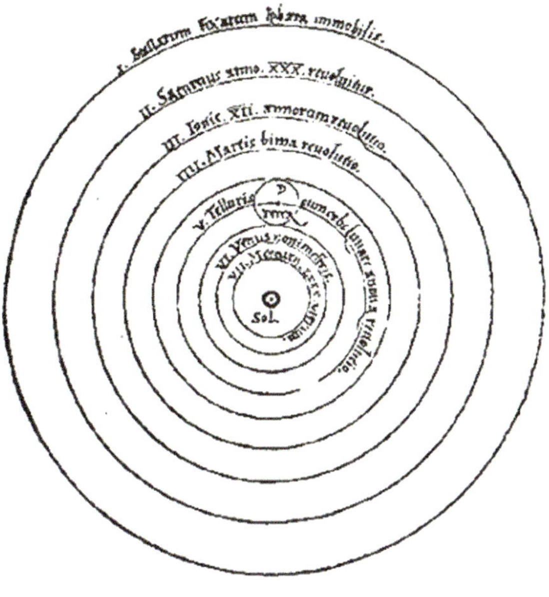

Das heliozentrische Weltbild des Kopernikus 1506
Die Skizze des Autors wird zum Symbol der Neuzeit (nach Zekl, Nicolaus Copernicus, Das neue Weltbild, 2006, S. 200, Anmerkung 7. Das konzentrisches Kreissymbol mit deutscher Beschriftung S. 147).

Mit dem ersten Entwurf für ein heliozentrisches Weltbild (1506) erregte K die Aufmerksamkeit einiger der damaligen Fachgelehrten und sicher auch das Interesse der katholischen Kirchenoberen. Denn nur so ist es zu erklären, dass man sich schon bald nach Bekanntwerden des *Commentariolus* von kirchlicher Seite mit der Bitte um Vorschläge für eine Kalenderreform an den Astronomen wandte. Doch K lehnte die vom Papst Leo X. († 1521) erwartete Mitarbeit ab, wohl auch aus dem Grund, weil er zu jenem Zeitpunkt für seine im *Commentariolus* vertretenen Thesen keine mathematischen Beweise hatte. Nachdenkliches Zögern bestimmte sein Verhalten bis zum Lebensende; schließlich wollte er unwidersprochen die 2000 Jahre alte geozentrische astronomische Lehre widerlegen und handelte zudem gegen seinen kirchlichen Auftrag als Diakon, das Evangelium mit der Schöpfungsgeschichte vom Menschen und von der Erde als gottgewolltem Mittelpunkt hochzuhalten und auch die Gläubigen zu lehren; das Evangelium, das Buch der Bücher, war ihm bei der Weihe zum Diakon, zum Diener der Kirche und Assistenten des Bischofs, von diesem feierlich vertrauensvoll in die Hände gelegt worden. Den Onkel und Mäzen, der 1512 starb, wollte er wohl nicht mit dem Entwurf enttäuschen bzw. auf die alten Tage überfordern. Der mathematische Beweis stand nach eigenem Eingeständnis noch aus; der experimentelle kam erst nach 300 Jahren. -> Kapitel 8.7: 1837 – Nach 300 Jahren der heliozentrische Beweis, S. 185

In den 1530er Jahren wurde der nun ca. 60-jährige von verschiedenen Seiten zur Publikation, d.h. zum Druck seiner endgültigen, umfassenden Ausarbeitung gedrängt, die er Anfang des Jahrzehnts im Wesentlichen abgeschlossen hatte. Erst 1542/3 angesichts des Todes ließ er dann zu, dass sein Hauptwerk komplett veröffentlicht wurde. Ein Bote oder der Herausgeber Osiander selbst – so eine schöne Erzählungsvariante – brachte den Erstdruck aus Nürnberg seinem Autor ans Sterbebett in Frauenburg, ca. 1000 Kilometer weit per Kutsche, über eine Woche Anreise.

Osiander hatte eigenmächtig den Titel „De Revolutionibus" zur Hypothesenschrift verwässert. Auf dem Deckblatt wurde die antike pythagoräische Warnung auf Griechisch ausgesprochen, die die Wissenschaft zum Selbstzweck erklärt hatte: *Keiner ohne Ahnung von Mathematik (Geometrie) soll hier eintreten!"*) Dagegen war allerdings für Gelehrte auch die verkaufsfördernde Aufforderung auf Latein zu lesen: *"Igitur eme, lege, frue!"* (*‚Also kauf', lies und genieße!'*). Mit griechisch- lateinischem Klappentext dialektisch auf Kundenfang, s. S.124.

Beachtliche 1000 Exemplare wurden 1543 vom Erstdruck ausgeliefert. Wer konnte und wollte für den Text bezahlen? Das Lateinische war die Verkehrssprache der katholischen Kirche und der Universitäten. Die weitaus meisten Menschen um 1500 waren Analphabeten. – Die Erstauflage von Luthers „Septembertestament" von 1522 (die Bibelübersetzung vom Neuen Testament ins Deutsche) umfasste 3000 Exemplare, war schneller vergriffen, aber auch preiswerter und geringer im Umfang und zudem verständlich deutsch, weil der Reformator „dem Volk aufs Maul geschaut" hatte. Die gelehrte Leserschaft von De Revolutionibus dürfte sich bis auf den heutigen Tag in bescheidensten Grenzen halten, auch in der Übersetzung (Hawking 2002/ 2004, S.19-326).

3.3 Gottesdienst am Universum

Gott als größter Mathematiker

Ein zeitloses ‚Bild' von Gott

K wollte die Göttlichkeit einer harmonischen Schöpfung mit Mathematik bestätigen, indem er die Endlichkeit der menschlichen Zahlenwelt vor Gottes weitem Himmel nachwies. Damit ist ER der größte eigentliche Mathematiker, dessen ‚Rechenkünste' dem (gewöhnlichen) Menschenverstand letztlich unzugänglich sind.

K war kirchlich geschulter Monotheist. Wenn man ihm in seinem Vorwort zum ersten Buch ‚De Revolutionibus' aufmerksam folgt, setzt er im Überschwang astronomischer Begeisterung die Schöpfung mit Gott gleich. Diese ist für ihn nicht nur Ausdruck göttlichen Gestaltungswillens, sondern sie ist ER selbst. Der Sternenhimmel ist *das Antlitz des sichtbaren Gottes (visibilis deus)*, eine aus der Antike, z.B. durch Plato, tradierte Vorstellung, der auch K folgt. Damit bleibt er dem antiken Deismus verbunden: Gott ist allseits mit den Sinnen erfahrbar; er schaut dich nachts aus dem sternenklaren Nachthimmel und tags aus der Sonne an.

Als Wissenschaftler kommt K wie viele seiner damaligen Fachkollegen von der Kirchenlehre zur Forschung. Er darf nach dem Willen seines Vormunds Watzenrode, Fürstbischof des Ermlands, Kirchen- und ziviles Recht studieren, eine Voraussetzung, um die für ihn von seinem blutsverwandten Mäzen reservierte Stelle eines Domherrn 1495 in Frauenburg zu besetzen und um später vielleicht sogar den Onkel im Amt zu beerben. Astronomische (d.h. damals ggf. auch astrologische) und medizinische Studien konnten sich dann anschließen. Die Rechtskenntnisse dienten der Durchführung des Kirchenamts als Domherr, die beiden anderen Fachbereiche galten der Bewältigung des menschlichen Alltags: die Sternenkunde zur Prognose und als Leitfaden des Schicksals und die Medizin zur Diagnose und Heilung. Mit angewandter astrologischer Astronomie und mit

Medizin ließ sich das Ansehen mehren und Geld verdienen. Die katholische Kirche förderte Bestrebungen wissenschaftlicher Art, sofern sie den Machtanspruch ihrer Repräsentanten unterstreichen. K hat auf die Astrologie nichts gegeben.

Der Mensch wird zum Zentrum

Dem herrschenden Denken galt noch an der Wende zur Neuzeit um 1500, in Renaissance und Humanismus im 15. und 16. Jahrhundert, die außerhalb menschlicher Einflussnahme liegende ständig sichtbare Welt als Ausdruck göttlicher Schöpfung. War der Glaube lange Zeit die einzige Zugangsform zum Weltverständnis, so kam in der Scholastik, der wissenschaftlichen Denkweise insbesondere des europäischen Hochmittelalters um 1300, immer mehr der Verstand, die ratio, als Hilfsinstrument hinzu, mit dem in aristotelischer Tradition entdeckt und argumentiert werden konnte. Allerdings war für scholastisches wie nichtscholastisches Denken der Bildungszugang zum Studium der Welt prinzipiell einheitlich: es gab keine isolierten, unabhängigen fachspezifisch - wissenschaftlichen Einzeldisziplinen, und der ‚uomo universale', der Universalgelehrte der Renaissance, wurde schließlich das Bildungsideal. -> Kapitel 4. L' Uomo Universale - Der Frauenburger Universalist: 1510 bis 1543, S. 83ff. Heute hat man in Deutschland mit über 17.000 Studiengängen an 520 Hochschulen für den Einsteiger eine immense Auswahl (studiengaenge.zeit.de).

Auf der Grundlage des Naturrechts des Thomas von Aquin (* um 1225 - † 7. März 1274, Philosoph und Theologe der Scholastik) fügen sich alle Menschen in eine gottgewollte Standeshierarchie ein. Jeder hat darin von Geburt an, ob arm oder reich, ob Bauer oder Kaiser, seinen festen Platz und damit seine ständisch festgelegte Aufgabe.

Im Humanismus des 16. Jahrhunderts wurden die mittelalterlichen Vorstellungen einer universalen Einheit von geistlicher und weltlicher Herrschaft überwunden, das Individuum bekam einen besonderen Wert. Das Denken des Abendlandes war jetzt im Menschenbild auf geänderte Grundlagen der Renaissance gestellt worden. Die weltanschauliche Perspektive hatte sich von einer theozentrischen zu einer anthropozentrischen Welt hin verschoben - nicht mehr Gott war der Angelpunkt für die Definition irdischer Verhältnisse, sondern der Mensch selbst, der allerdings nach wie vor Gottes Wirken und seine auf Erden sichtbar gewordene Weisheit zu erkennen suchte und fand.

Metaphysik oder Rationalismus

In diesem tief religiösen Sinne ist auch das wissenschaftliche Forschen des K zu begreifen. Einerseits ging es ihm um die Wahrheit der Erkenntnis, die er um seiner beruflichen Würde und um seiner Selbstwirksamkeit willen zu vertreten hatte; andererseits widerstrebte es ihm aber, seine theozentrische Welt zu einer rein ichbezogenen menschlichen Gesamtsicht hin zu öffnen; das lag nicht in seinem Begreifen und nicht in seiner Lebensführung. Er gelangte vom Glauben zu den Wissenschaften, und beides bleibt für ihn unverbrüchlich eins

Spätestens die Vertreter der gesamteuropäischen Bewegung der Aufklärung seit dem Ende des 17. Jahrhunderts ordnen ihre Wissenschaft nicht mehr den christlichen Kirchen unter; der Leitgedanke wird die Rationalität, die kirchliche (Rück-) Bindung, die (Re-ligion), verliert an Einfluss. Sie verstehen sich nicht mehr wie K ausschließlich als Diener Gottes, sondern der Forschung und dem Fortschritt verpflichtet.

Früher oder später findet bis auf den heutigen Tag so mancher agnostische Naturwissenschaftler zur Religion (zurück) und stellt damit auch für sich persönlich die kopernikanische Einheit von Glauben und Wissen (wieder) her. Physiker wie Carl Friedrich von Weizsäcker z. B., einer der letzten Universalgelehrten im deutschen Sprachraum (1912 bis 2007), verlegen auf die alten Tage ihre Forschung von der Naturwissenschaft auf philosophisch - theologische Themen (Im zweiten Weltkrieg war noch die Entwicklung einer deutschen Atombombe sein Forschungsgebiet.). Ihr Verhalten kann man als Kompensation der rationalen Weltsicht jüngerer Jahre durch späte religiöse Emotionalität verstehen und nachvollziehen, aber auch als Konversion auslegen. In seinem Alterswerk, u. a. „Zeit und Wissen" (1992), widmet sich der Physiker den religiösen Grundlagen einer globalen Ethik und tritt aus dem funktionierenden neuzeitlichen Zeitgeist heraus, um in einer höheren ideologischen Einheit seinen Lebenssinn zu finden - in der spöttisch knappen Formulierung Einsteins: „*Wissenschaft* ohne *Religion* ist lahm, *Religion* ohne *Wissenschaft* ist blind". Das hinderte Einstein aber nicht, religiöse Glaubenssysteme abzulehnen, die er für „kindischen Aberglauben" hielt (1954). Ein Gotteshaus hat er angeblich nicht besucht.

„Schätzwert Null der Erde im Vergleich zur Größe des Himmels"

(De Revolutionibus I, 6). Nichts anderes bewegte K von Anfang an und immer gleichzeitig: Glaube und Wissenschaft im Dienste Gottes jederzeit ohne altersbedingte Änderung seiner Sicht der Dinge. Und in den Augen ahnungsloser Ignoranten, die einen Bruch an der Wende zur Neuzeit um 1500 konstruieren, macht ihn das zu einem Relikt aus der Zeit davor, aus dem späten Mittelalter, in der Antike verwurzelt. Dabei kann K als gotterfüllter Gottsucher auch ohne Abhängigkeit von einem Zeitgeist begriffen werden. Die Astronomie, Elementarwissenschaft seit ca. 3000 Jahren, war seine Lebensaufgabe, die Mathematik seine Methode ihrer Erkenntnis. „*Die Geburt der Mathematik aus der Betrachtung des Himmels ist aber in allen frühen Zivilisationen untrennbar mit der Entfaltung religiöser Gedankensysteme verbunden.*“ (Hans Magnus Enzensberger, *Von den metaphysischen Mucken der Mathematik*, in: *Fortuna und Kalkül*, Frankfurt a. M. 2009, S. 49). Dem metaphysischen Gedanken folgte K in der Tradition Platons noch an der Wende zur Neuzeit um 1500.

Obwohl mit dem Zeitalter der Aufklärung, die ihre Wurzeln im 16. Jahrhundert hat, die Pragmatiker der Vernunft die Wissenschaften zu dominieren scheinen, sterben die metaphysischen Platoniker wie K unter den Mathematikern bis heute nicht aus. Sie haben zur Kenntnis genommen und akzeptiert, dass das Universum nicht berechenbar ist. Wir Menschen heute begreifen nur drei Prozent der uns geläufigen materiellen Substanz des Weltalls, der große Rest bleibt völlig im Dunkel des Verstehens. K hat dafür eine mathematisch prägnante, auch heute noch zeitgemäße Aussage gemacht: die Größe der Erde habe den *Schätzwert Null im Vergleich zur Größe des Himmels* (N. K., De Revolutionibus, I, 6 – Zekl 103). Da könnte in einer Schlussbetrachtung nur noch der größte Mathematiker aller Zeiten, Gott selbst, aushelfen. -> *Kapitel 6. AVE! Kopernikus lässt grüßen, S. 147ff.*

Das Wissen vom Universum hat sich in den letzten 500 Jahren rasant vergrößert, trotzdem bleibt es im Verhältnis zu dem, was Menschen alles nicht sicher wissen, nahe Null. Spätestens am Begriff der Unendlichkeit scheitert alle Mathematik. Auch deswegen „*hat sich neuerdings, besonders in der Informatik und in der experimentellen Mathematik, eine rein handlungsorientierte Haltung durchgesetzt, die es vorzieht, von unlösbaren Problemen abzusehen. Nüsse, die man nicht knacken kann, überlässt man lieber den Theologen.*“ (Enzensberger 2009, a.a.O. S. 64).

Die Pragmatiker der Aufklärung im 21. Jahrhundert geben sich manchmal bescheiden, glauben aber hin und wieder in der Physik wissenschaftliche Erfolge feiern zu können, zur Zeit z. B. mit der Entdeckung des sogen. „Gottesteilchens“. Vor einigen Jahren war die Freude am Kernforschungszentrum CERN bei Genf groß: Seit knapp 50 Jahren war man auf der Suche nach diesem „Gottesteilchen“, das die Erklärung dafür liefern sollte, was die Welt im Innersten zusammenhält. Der Nachweis schien damals irgendwie gelungen. In der Wissenschaft wurde die Entdeckung als Sensation gefeiert. 2013 bekamen die Teilchenphysiker für ihre Forschungsarbeiten den Nobelpreis. – Stephen Hawking, einer der großen Vordenker in der Astrophysik, hat jetzt vor der Erforschung des Teilchens gewarnt. Ein Großexperiment könnte das gesamte Universum vernichten. Unkte er?

Die zweite Lebenshälfte: 1510 bis †1543

4. L' Uomo Universale

Der Frauenburger Universalist 1510 bis 1543

4.1 Die vielseitige zweite Lebenshälfte des Kopernikus > Biografie 4(4): K als Arzt, Staatsmann, Ökonom und Astronom

K ist ein prominenter Vertreter der Renaissance, d. h. ein universal gebildeter und entschlossen handelnder Mensch (bzw. Mann; ital. l'uomo universale). Ab 1510 tritt er endlich seinen vielseitigen Posten als Frauenburger Domherr an, den ihm 1495 sein Onkel und Vormund, der Fürstbischof des Ermlands mit Sitz in Heilsberg, zugewiesen hat. Die Astronomie bleibt dabei immer sein ganz persönliches Lebensthema. Er wird zum ersten astronomischen Gelehrten und Physiker der Neuzeit (nach der Jahrhundertwende 1500). Das hat der größte Astrophysiker unserer Gegenwart Stephen Hawking 2002 konstatiert (Hawking 2002/2004).

Das europäische Ideal des ***Universalisten*** *entstand in der Überwindung mittelalterlicher Strukturen in der Epoche der Renaissance, der ‚Wiedergeburt' der Antike, die seit dem 14. Jahrhundert von Italien ausging. Die Grundgedanken vermittelt die ebenso von hier ausgehende Weltanschauung des Humanismus mit dem Anspruch, Menschlichkeit zu verwirklichen und so das individuelle menschliche Leben zu verbessern, was K mit großer Anteilnahme beruflich im Amt des Domherrn als* ***Staatsmann****, als Friedensstifter und* ***Ökonom****, als* ***Arzt*** *und als* ***Gelehrter/ Astronom*** *ab 1510 in seiner zweiten Lebenshälfte in der Praxis umsetzt. Die geistigen Grundlagen stellt die Philosophie der griechisch–römischen Antike; sie wirkte schon weit vor 1500 in der Gesellschaftsschicht der europäischen Bildungselite nach.*

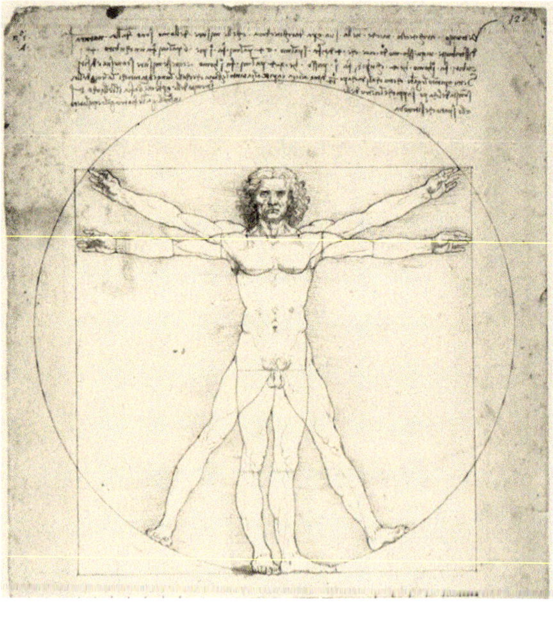

Leonardo da Vinci, 1492: Proportionsstudie des menschlichen Körpers
Das individuelle menschliche Leben wird vermessen.

Die Gedanken der Renaissance bringt der Maler Raffael de Santi in seinem großen Fresko im Vatikan „Die Schule von Athen“ (ca. 1510) mit der höchstpersönlichen Darstellung von 61 Geistesgrößen aus Gegenwart und Vergangenheit ins Bild; er gibt z. B. dem Philosophen Platon aus dem 4. Jahrhundert v. Chr. das Gesicht seines Zeitgenossen Leonardo da Vinci, der bis auf den heutigen Tag als das typische kreative Genie, als Italiens prototypischer uomo universale, gilt. -> Kapitel 2.3: Raffael malt Kopernikus am Rande, S. 54ff.

Leonardo da Vinci entwirft 1492 nach Vorgaben des antiken Architekten Vitruvius (1. Jh. v. Chr.) eine Proportionsstudie des menschlichen Körpers (S. 84). Das bildungswillige, kritische Individuum steht in Renaissance und Humanismus im Mittelpunkt gesellschaftlicher Anerkennung.

In diesem Sinn ist auch der Nordeuropäer K ein rundum gebildeter Vertreter der Renaissance, der als Kostgänger der katholischen Kirche durch seinen langjährigen Auslandsaufenthalt in Italien zum Humanisten wird und als Universalist vielseitige berufliche Aufgaben im Fürstbistum Ermland an der Ostseeküste übernimmt.

Der junge Astronom

Der Maler Raffael de Santi hat in sein großformatiges Schaubild ‚Die Schule von Athen’ von 1510 im rechten Bildviertel eine Gruppe von idealisch dargestellten Astronomen gemalt, darunter angeblich auch schon den jungen K. Über ihm ist offensichtlich der antike Grieche Aristarch von Samos (um 300 v. Chr.) abgebildet, der später in chronologischer Verkehrung der „griechische Kopernikus“ zu beider rühmlichen Hervorhebung genannt wird (Gassendi, 1655 erster Biograf des Kopernikus – in: NCG IX 2004, S. 109f.). Das heliozentrische Werk des griechischen Astronomen lag K allerdings nicht vor, es gilt als verschollen. Überliefert sind jedoch markante Zitate daraus bei anderen antiken Astronomen. -> Kapitel 2.3: Raffael malt Kopernikus am Rande. S. 54ff.

Ab wann genau der junge ***Astronom*** *nachweislich seine heliozentrische Vision zu entwickeln beginnt, ist nicht mit Gewissheit zu sagen; nachvollziehbar brächte der Donnerstagabend des 9. März 1497 in Bologna erst seine persönliche und dann die epochale kopernikanische Wende mit sich, weg vom zweitausend Jahre alten geozentrischen System mit der Erde als Radnabe des Kosmos. Dies ist das früheste, von ihm selbst notierte und überlieferte Datum aller seiner 27 Himmelsbeobachtungen bis 1527; 24 Jahre jung hat er eine Mondparallaxe beobachtet und sich wohl auch schon heliozentrische Gedanken gemacht. -> Kapitel 2.2: Die Sternstunde mit dem Mond, S.48ff.*

Die Astronomie ist neben all den anderen aktuell wichtigeren beruflichen Aufgaben ein Leben lang seine eigentliche Profession. Das Fach hat er von 1496 bis 1501 in Bologna zusätzlich studiert - ebenso schon vorher in einem Grundstudium ab 1491 in Krakau - und dabei wohl auch gelernt, als kriti-

scher Querdenker die Dinge aus verschiedenen Perspektiven zu betrachten.

Obwohl K ca. 1506 in seinem lange verschollenen knappen Manifest ‚Commentariolus'/ Entwurf präzise Vorstellungen vom tatsächlichen, nämlich heliozentrischen Aufbau des Himmels entwickelt hat, verhält er sich einige Jahre später nur zögerlich zu einer europaweiten Aufforderung des Papstes an alle europäischen Astronomen, 1514 an einer Kalenderreform mitzuarbeiten. Seine Datengrundlage über den Gang der Gestirne erscheint ihm noch zu dürftig, um damit an die kirchliche Öffentlichkeit zu treten. *-> Kapitel 4.3: Das Jahrhundert der Kalenderreform, S. 101ff.* *Im selben Jahr lässt er sich in der Domburg zu Frauenburg an der Ostsee eine Plattform für seine Himmelsbeobachtungen bauen, den „Kopernikus-Turm", um professioneller forschen und sich eigene verlässliche Aufzeichnungen über den Lauf der Gestirne notieren zu können.* *-> Kap. 8.5: Kopernikus und Montaigne im Turm, S. 182.* *Wissenschaftliche Genauigkeit war ihm höchst wichtig; das verlangte seine Arbeitsethik. Eine erste Sternwarte hatte er sich wenige Jahre zuvor schon im ‚großen Turm' des Hochschlosses Heilsberg eingerichtet (S. 70ff). Beobachtungen des Planeten Saturn in Frauenburg sind z. B. am 25. Februar und am 5. Mai 1514 verzeichnet.* *-> Kapitel 8.2: Kopernikus (K), chronologische Tabelle, S. 177ff.; ->Kap. 8.3: Astronomische Beobachtungen des K, S.180*

Der Arzt

Dem damals beruflich wichtigsten Studienabschluss nach ist K ***Jurist****, auch heute noch oft Grundlage für die Karriere eines Politikers mit dem Zeug zum* ***Staatsmann.*** *Von seiner Ausbildung in Italien bringt er dreißigjährig 1503 aus Ferrara den juristischen Doktortitel des Kirchen- und des Zivilrechts mit, aber ebenso einen Abschluss in Medizin. Das Studium ist verbürgt, ein Dr. med. des Menschenfreundes aber nicht, der nach heutigem Verständnis eher Heilpraktiker war. Sein guter Ruf als Arzt führt ihn z. B. noch 1538 zum Fürstbischof Dantiscus nach Heilsberg und 1541 auch nach Königsberg zum Sitz des Preußenherzogs. Als Georg von Kunheim, Freund, Amtmann und politischer Berater Albrechts von Brandenburg, Herzog in Preußen, schwerkrank wurde, veranlasst Albrecht, dass K ans Krankenbett von Kunheims gerufen wird. Der ‚Doktor' ist mit der Kutsche die 100 Kilometer bis Königsberg ein- zwei Tage lang unterwegs, kann aber dem Todkranken nicht mehr helfen. Zwei Briefe vom Juni 1541 an den Herzog bezeugen den Arztbesuch. Ein Jahr später, im Spätherbst, erleidet K einen halbseitig lähmenden Schlaganfall und hat noch ein halbes Jahr Lebenszeit.*

http://de.wikisource.org/wiki/An_den_Herzog_Albrecht_von_Preussen

Aus der Frauenburger Rezeptur des ‚Doktors' K sind altdeutsch handbeschriebene Blätter mit einer vielseitigen Kräuterkunde aus der ‚Apotheke Gottes' überliefert. Von seinem besten Freund Tiedemann Giese, Domherr in Frauenburg wie er, später Bischof von Kulm und dann auch Fürstbischof des

Ermlands, wird er der ‚zweite Äskulap' nach dem antiken griechischen Gott der Heilkunde tituliert. Fachliches Lob seiner besonderen Fähigkeiten oder doch eher freundschaftliche Anerkennung? Der Äskulapstab, auch Asklepiosstab, ist von einer Schlange wegen ihres Heilgifts umwunden. Er ist bis heute Symbol der Apotheke von nebenan und des ärztlichen Standes. Zum in erster Linie medizinischen Symbol des K wird das Maiglöckchen, das er wegen der herzstärkenden Wirkstoffe schon auf dem ersten Porträt, ein Öl-Gemälde von 1573, in den Fingern seiner Rechten hält.
Der berühmte Arzt und Zeitgenosse Paracelsus lehrt, was Allgemeinwissen wurde: ‚Alle Dinge sind Gift und nichts ist ohne Gift, allein die Dosis macht's, dass ein Ding kein Gift ist.' - „Μηδὲν ἄγαν" (altgriech.; nichts allzu sehr!) lautet die Inschrift am Apollontempel in Delphi, nach wie vor auch Richtschnur der Medizin.
Das gilt auch für die Liebe, deren Symbolblume das Heilkraut Maiglöckchen im Frühling ist. -> Kapitel 2.5: Das Maiglöckchen des Kopernikus, S. 65ff.

Aus der Frauenburger Rezeptur des ‚Doktors' K

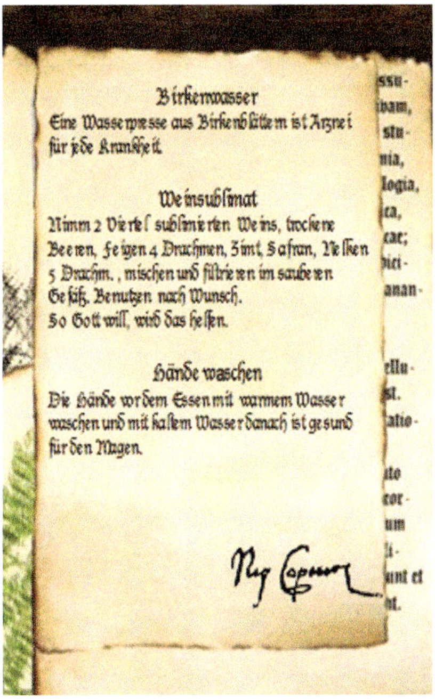

Birkenwasser
Eine Wasserpresse aus Birkenblättern ist Arznei
für jede Krankheit.

Weinsublimat
Nimm 2 Viertel sublimierten Weins, trockene
Beeren, Feigen 4 Drachmen, Zimt, Safran, Nelken
5 Drachm., mischen und filtrieren im sauberen
Gefäß. Benutzen nach Wunsch.
So Gott will, wird das helfen.

Hände waschen
Die Hände vor dem Essen mit warmem Wasser
waschen und mit kaltem Wasser danach ist gesund
für den Magen.

*Altdeutsche Text-Originale im ‚Nicolaus Copernicus-Museum' Frombork/ Frauenburg, Polen) - Zitate aus der Frauenburger Rezeptur des ‚Doktors' K.: **„Birkenwasser"**/ **„Weinsublimat"** ...So Gott will, wird das helfen." - **„ Hände waschen"**. „Drachmen" gelten hier als Flüssigkeitsmaß: 1 Drachme = 3,5 Milliliter.*
Rechts: Äskulapstab, medizinisches Symbol. Äskulap (lateinisch; altgriechisch Asklepios) ist der Gott der Heilkunst. Tiedemann Giese, Bischof und bester Freund des K, nennt diesen des Lobes voll einen „wahren Äskulap".

Der Diakon und Domherr

Nachts die Astronomie und tags die Medizin haben den ***Diakon*** *und* ***Domherrn*** *sein Leben lang beschäftigt; sein Brotberuf bleibt allerdings der* ***Jurist****, auch heute oft eine Voraussetzung für verwaltungspolitisches Handeln, das er als einer der sechzehn* ***Domherren*** *in den drei Kammerämtern, das heißt in den Verwaltungsbezirken Frauenburg, Allenstein und Mehlsack des Domkapitels, täglich vorrangig zu erledigen hat (Karte s. S. 93). Zum Priester wird er nicht geweiht, denn das allgemeine Kirchenamt des* ***Diakons*** *kann er auch mit den niederen Weihen ausüben und darf z.B. taufen und zum Gottesdienst die Kirche aufschließen. Denkbar ist, dass er auf das Theologiestudium und die höheren Weihen des Priesteramts verzichtet hat, um seine anderen Professionen nicht einschränken zu müssen. Die Ehelosigkeit, das Zölibat, galt für alle Diakone, mit und ohne Priesterweihe. -> Kapitel 4.5: Anna liebt Nikolaus, S. 111ff.*

Der Staatsmann

In den auf 1510 folgenden Jahren muss der Universalist K als ***Staatsmann*** *weitreichende Aufgaben wahrnehmen. Als* ***Domherr*** *in Frauenburg ist er ab 1516 regionaler* ***Administrator*** *der Güter des Domkapitels im südlich gelegenen Allenstein, von Frauenburg über eine Tagesreise mit der Kutsche entfernt. Er nimmt dort seinen Amtssitz bis 1520 ein und erweist sich im unentschieden ausgehenden sog. „Reiterkrieg“ 1519/1520 gegen den kriegerischen Deutschen Orden als* ***Militärexperte.*** *Nachdem nämlich der Hochmeister des Deutschen Ordens Albrecht I. von Brandenburg-Ansbach standeswidrig den polnischen König Sigismund I. nicht als weltlichen Souverän anerkennen wollte, obwohl er rechtlich sein Vasall war und von ihm das Landlehen Preußen empfangen hatte, kam es zum Eklat und im Krieg zu gegenseitigen grausamen Überfällen von Polen, Preußen und Ordensrittern; die blutigen Lasten hatte die Zivilbevölkerung im Ermland zu ertragen.*

Schild des Deutschen Ordens/ Baltikum 1230- 1561 - aktuelle Kreuzform (rechts)

K wird von seinem neuen Fürstbischof Fabian von Lossainen (ab 1519) mit Verhandlungen beauftragt; er ist als ***Unterhändler und Friedensstifter*** *nicht erfolgreich, kann aber zuvor 1520 mithilfe polnischer Soldaten das Schloss Allenstein, seinen zweiten derzeitigen Amtssitz, gegen die Deutschordensritter verteidigen. K kehrt am 21. August 1521 nach erfolgreicher Verteidigung der befestigten Anlage gegen die Deutschordensritter zum von den Ordensrittern zerstörten Frauenburg zurück, um den Wiederaufbau zu leiten und das Ermland zu befrieden. Er schreibt als Beauftragter des Domkapitels eine Klageschrift mit zehn massiven Vorwürfen gegen den Hochmeister Albrecht von Brandenburg-Ansbach, in der er einem Hauptmann des Ordens Plünderungen und Brandschatzungen vorwirft und unmissverständlich Wiedergutmachung einfordert.*

Ab 1521 gilt ein Waffenstillstand, auf den 1525 der Krakauer Vertrag folgt, ein ‚Kuhhandel' aus der Sicht von Kaiser Karl V. und Papst Clemens VII.; der Sitz des Deutschen Ritterordens wird nach Mergentheim verlegt, der bisherige Hochmeister bleibt im Lande und wird protestantisch; er nennt sich jetzt Herzog Albrecht I. in Preußen und leistet dem polnischen König Sigismund I., seinem Onkel, schließlich doch noch den Treueid.

Polnische Soldaten (Ausstattung 1507 bis 1548)

Gemälde von Jan Matejko (1838 – 1893).

Polnische Soldaten hatten K und der Allensteiner Schlossbesatzung 1521 im Kampf gegen den Deutschen Orden zum Sieg verholfen. Anschließend kehrt K ins zerstörte Frauenburg zurück, um die Leitung des Wiederaufbaus zu übernehmen.

Verteidigung der Burg Allenstein gegen die Kreuzritter

K (Konterfei oben rechts, im Kampf gegen den Deutschen Orden) verteidigt 1520/1521 die Burg Allenstein erfolgreich gegen die Kreuzritter (Ritter s. Bild unten links); Bildpräsentation s. Festschrift 2008, Gdynia/ Gdingen.

***1525** wird der Deutsche Orden im östlichen Preußen aufgelöst und säkularisiert. Hochmeister Albrecht von Brandenburg- Ansbach wird Herzog in Preußen und führt nach Rücksprache mit Martin Luther in seinem Land die Reformation ein. Der Wechsel des Bekenntnisses bedeutet nach dem Krakauer Frieden von 1525 nicht den Wechsel des Lehnsherrn; aus dem katholischen Hochmeister wird der protestantische Herzog Albrecht I. von Preußen, der den polnischen Herrscher, seinen Onkel, jetzt akzeptiert: der protestantische Herzog wird Vasall des katholischen polnischen Königs. Auch das Fürstbistum Ermland bleibt dem König Sigismund politisch zugeordnet.*

***1916**: 400 Jahre nach seinem Dienstantritt in Allenstein erhält K mitten im Ersten Weltkrieg ebenda vor der (preußisch -) deutschen Ostfront ein Denkmal als Verteidiger der (preußischen, polnischen bzw. ermländischen) Heimatstadt gegen die Deutschordensritter. Wilhelm II., deutscher Kaiser und König von Preußen (1890 -1918), evangelisches Kirchenoberhaupt seines Landes, hat es mit 10.000 RM (Reichsmark) bezahlt. Aus den ehemals übergriffigen katholischen Kreuzrittern sind jetzt zaristische russisch-orthodoxe Soldaten geworden. Deutschland hatte Russland am 1. August 1914 den (Ersten Welt-) Krieg erklärt.*

***1946**, kurz nach dem II. Weltkrieg, wird der Sockel der Büste umgedreht, umgesetzt und mit einem polnischen Text umgewidmet, weiterhin K zu Ehren, des damaligen Verteidigers der Heimatstadt, jetzt gegen die deutschen ‚Preußen'. Aus Allenstein ist nach dem Zweiten Weltkrieg polnisch Olsztyn geworden und aus Nikolaus Kopernikus Mikołaj Kopernik.* *-> Kapitel 5.3: Kopernikus im Salz, im Film und als Wende-Denkmal, S. 137ff.*

Drei Adler-Wappen

Das Wappen des Herzogtums Preußen (ganz links), der polnische Adler des Königreichs auf rotem Grund (halbmittig), später der Volksrepublik von 1945 (dann aber ohne goldene Krone) und der Republik Polen (von 1918 bis 1989). Die politische Symbolik überdauert. Rechts: der deutsche Bundesadler

Links: Herzog Albrecht von Brandenburg - Ansbach
Gemälde von 1522; im selben Jahre sein Übertritt zum Protestantismus http://de.wikipedia.org/wiki/Albrecht_(Preußen). Albrecht ist der letzte Hochmeister des Deutschen Ritterordens in Preußen und ***Kriegsgegner des K*** *im unentschieden ausgegangenen „Reiterkrieg“ von 1519/20. 1525 wird er Herzog von Preußen, aus dem katholischen Deutschordensstaat wird ein weltliches, protestantisches Herzogtum.*
Rechts: Zygmunt I Stary, König Sigismund I der Alte *(1506 – 1548, Katholik). Herzog Albrecht von Brandenburg - Ansbach, Protestant ab 1522, wird 1525 sein Vasall.*

Der Ökonom

*Der **Domherr** K wird 1519 wieder einmal für zwei Jahre zum **Kanzler**, also zum Chef des Domkapitels mit 16 Domherren, gewählt und nach dem Tod des Fürstbischofs Fabian von Lossainen 1523 als **Generaladministrator** eingesetzt, bis ein Nachfolger bestimmt ist. K hat als verantwortungsbewusster **Staatsmann** eine Finanz – Reform für sein „liebes Vaterland" im Sinn und schreibt als politischer **Ökonom** ein Gutachten, die ‚Reformation' des Münzwesens, das in erster Fassung von 1517 in Latein vorliegt (Monetae cudendae ratio/ Denkschriften über das Münzwesen). Der Text dient wiederholt zur Vorlage und zum Vortrag auf Deutsch bei preußischen Ständeversammlungen in den zwanziger Jahren des 16. Jahrhunderts. Überlegungen zu einer Finanzreform waren überfällig, nachdem die Folgeschäden des Reiterkrieges 1520/ 1521 die wirtschaftliche Situation für die Bevölkerung nicht nur des Ermlandes empfindlich verschlechtert hatten.*

K hat in seinem Memorandum festgehalten und z. B. 1522 in Graudenz vor Vertretern der ermländischen selbständigen Städte Thorn, Elbing und Danzig vorgetragen, dass das schlechte Geld (Münzen mit manipuliertem Material) inflationär mit gesamtgesellschaftlichen Folgeschäden das gute Geld (reines Edelmetall) verdrängt, wenn nicht eine Vereinheitlichung im Münzwesen zur Schaffung eines gemeinsamen Wirtschaftsraumes zum Wohle der Bevölkerung durchgesetzt wird; er schildert den ökonomisch-finanziellen Niedergang der Region um 1520, im Königreich Polen (S. 93: Karte grün), im Herzogtum Preußen (später Provinz ‚Ostpreußen'; Karte weiß) und im Fürstbistum Ermland (10 Kammerämter: Karte rot/violett). Er schreibt:

„Obwohl Bewertung und Geltung des Geldes allenthalben dahinschwanden, hörte man deshalb doch keineswegs mit der Produktion von Münzen auf, und da die Mittel (z.B. das Material Silber, S.K.) nicht ausreichten, um die Neuprägungen den umlaufenden Münzen gleichwertig zu machen, war die jeweils nächstfolgende Münze, die noch zusätzlich in Umlauf gesetzt wurde, stets schlechter als die vorige, drückte so die Güte der vorausgegangenen Münze nieder und vertrieb sie so aus dem Umlauf."

Der Hochmeister des Deutschen Ordens (bis 1525), der polnische König und die drei preußischen Hanse-Städte Thorn, Elbing und Danzig strebten nicht ohne finanzwirtschaftliche Einsicht eine Münzeinheit an, wollten aber aus Gewinn- und Geltungssucht ihre jeweilige Münzfreiheit, das heißt ihr verbrieftes Recht, eigenes Geld prägen zu dürfen, nicht zugunsten überregionaler Gemeinsamkeit aufgeben, obwohl das zu aller Nutzen gewesen wäre. Das Münzrecht u. a. galt als Zeichen der Souveränität der Herrschenden, ob der (Hanse-) Städte wie Thorn, Danzig und Elbing oder der kirchlichen und weltlichen Fürsten. Der Menschenfreund K beklagt die wachsende Armut der Bevölkerung wegen der Geldentwertung und beschuldigt die Fürsten und die Magistrate der Hansestädte heftig:

„Einem solchen Verfall des Preußenlandes sehen die Machthaber ruhig zu; sie lassen unser liebes Vaterland, dem wir alles verdanken, dem wir unser Leben selbst schulden, durch kopflose Nachlässigkeit, von Tag zu Tag mehr, kläglich untergehen.“ -> Online-Quellen zu Kopernikus, s. S. 204

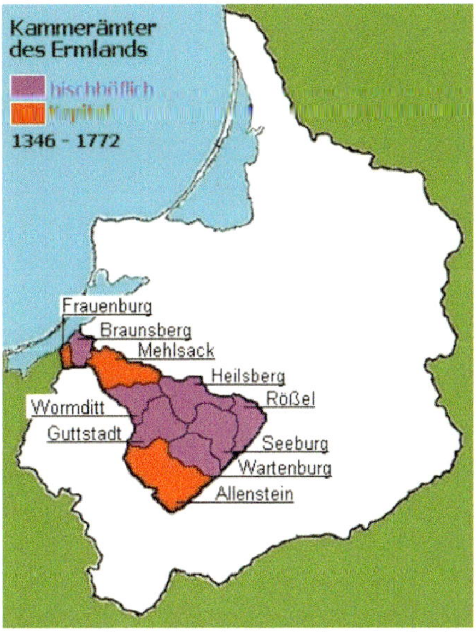

Karte: Die zehn Kammerämter (Verwaltungsbezirke) des (ost-) preußisch-polnischen Fürstbistums Ermland. Drei Bezirke (Frauenburg, Mehlsack und Allenstein, in der Karte orange) stehen unter der Verwaltung des Domkapitels in Frauenburg am Frischen Haff (Ostseeküste) und sieben weitere unter dem Fürstbischof mit Sitz in Heilsberg an der Alle (lila). Das Fürstbistum Ermland insgesamt ist ab 1512 exempt, d. h. ‚herausgenommen‘ und direkt dem Papst unterstellt, nicht mehr dem Deutschen Orden.
Seit dem 13. Jahrhundert entzieht sich das Ermland der Oberherrschaft des Deutschen Ritterordens (in der Karte weiß) mit Sitz in Königsberg an der Pregel, ca. 100 km nordöstlich von Frauenburg gelegen, und unterstellt sich 1525der Schutzherrschaft des polnischen Königtums. - (Das Ermland mit 60.000 Einwohnern zur Zeit des K hat mit 5.000 km² *ungefähr die doppelte Größe des Saarlands heute.)*

K schlägt 1530 vor, dem König von Polen die Gesamtkontrolle der Münzstätten zu überantworten, und wird gehört; es entsteht ein polnisch dominiertes Wirtschaftsgebiet, in dem das Ermland seine alten Souveränitätsrechte behält. Danach beteiligt sich K nicht mehr am finanzpolitischen Kräftespiel. Sein zukunftsgerichtetes humanistisches Ziel war, über die Währungseinheit die Lebensverhältnisse der Bevölkerung im Wirtschaftsraum Ermland und Masuren und darüber hinaus zu stabilisieren.

Die ökonomische Schriften K‘ sind die „schlechterdings bedeutendste geldtheoretische Leistung des 16. Jahrhunderts“. K gilt in Fachkreisen als der bedeutendste ökonomische Denker nach Aristoteles und vor der bürgerlich klassischen Epoche der Wirtschaftstheorie, „er war der erste, der die naturalwirtschaftlichen Schranken, die dem ökonomischen Denken des ausgehenden Mittelalters noch gezogen waren, durchbrach, indem er das Steigen und Sinken des Geldwertes widerspruchsfrei erklärte, dadurch die Gesetzmäßigkeiten dieser Bewegung erkannte und anerkannte und sie folglich als einen ausschließlich ökonomisch denkbaren Sachverhalt behandelte." Die Denkschrift ist eine Grundlage für das spätere ‚Greshamsche - Kopernikanische Gesetz'. K formuliert als erster die „Quantitätstheorie" des Geldes, wonach Inflation durch eine Zunahme der Geldmenge entsteht (Sommerfeld 1978, S. 7).

Um die Mitte des 16. Jahrhunderts bringt der junge Sir Thomas Gresham (1519 -1579), Schatzkanzler der englischen Königin Elisabeth I. und Mitbegründer der Londoner Börse, die schon länger bekannte allgemeine Inflationsproblematik seinerseits zu Papier und geht mit dem preußisch- polnischen Ökonom K zusammen in die Finanzgeschichte ein. Ihre These von der fatalen Geldentwertung bekommt 300 Jahre später in Fachkreisen den Titel ***„Gresham'sches – Kopernikanisches Gesetz"****.*

Die Stabilisierung der Lebensverhältnisse der Bevölkerung im Wirtschaftsraum Europa versucht im 21. Jahrhundert die Europäische Union mit der Geldpolitik des Euros zustande zu bringen; der allgemeine Wohlstand soll gefördert werden. Beim umlaufenden Papiergeld heute entspricht allerdings der Materialwert, früher Edelmetall (Silber mit festigendem Kupferanteil), nicht mehr dem Nennwert. Das Drucken von modernem Papiergeld als gesetzlichem Zahlungsmittel beschleunigte den Wirtschaftskreislauf. Die Richtungsentscheidung über die Höhe des Geldwertes/ Leitzinses liegt aber nach wie vor letztlich bei finanzpolitischen Machthabern, die Wohl und Wehe der Bevölkerung damals wie heute zu verantworten haben und nicht immer gut beraten sind.

Heute würde K zu den Vertretern des Monetarismus aus der US-amerikanischen Schule Milton Friedmanns (1912-2006) zählen, der Schule des stabilen Geldes: Das Geld verliert an Wert, wenn zu viel davon im Umlauf ist. Es kommt zur Inflation, wenn das Verhältnis von Produkt- und Geldwert die Balance verliert. Die aktuelle neoliberale Austeritätspolitik öffnet allerdings in den Augen von Kritikern unter den gegenwärtig dominierenden kapitalistischen Bedingungen die Schere zwischen Reich und Arm.

Der Gelehrte und Astronom in seiner Alltagswelt und im Turm

Zu den epochalen europäischen Ereignissen nach der Jahrhundertwende, zur protestantischen Reformation Martin Luthers (1517: Proklamation der 95 Thesen in Wittenberg gegen die Papstkirche) und zu den blutigen Bauernkriegen mit bis zu 130.000 Toten in den zwanziger Jahren lesen wir von K nichts.

Luther nimmt in seinen „Zwölf Artikeln gegen die Leibeigenschaft" (1525) für den ‚gemeinen Mann' Stellung, den er auch vor Habsucht, Geiz, Profitgier und Wucher in seiner Schrift von 1524 „Von Kaufshandlung und

Wucher" zu schützen versucht. Er wird zum antikirchlichen Wortführer mit kontrastiven Flugschriften, deren widersprüchliche Titel den in Aufruhr geratenden Zeitgeist verdeutlichen, z. B.: „Von der Freiheit eines Christenmenschen" (1520), „Ermahnung zum Frieden" zu den Zwölf Artikeln, aber auch „Wider die räuberischen und mörderischen Rotten der Bauern" (beide 1524; luther.de/ wikimedia). Ebenso lesen wir von K nichts, auch nicht indirekt, über die dreißiger Jahre des 16. Jahrhunderts, eine Zeit kriegerischer Auseinandersetzung und Eskalation der reformatorischen Bewegung. Schon 1522 konvertierte der katholische Hochmeister des Deutschen Ritterordens zum Protestantismus und wurde preußischer protestantischer Fürst als braver Vasall des polnischen katholischen Königs (S. 91). Wird hier nur das Fehlen ausreichenden Quellenmaterials von und über K einmal mehr deutlich, oder liegen die Gründe beim Astronomen selbst, der mit seinen Aufgaben als Domherr in der Diözese Ermland und seinen astronomischen Studien sich selbst genug ist und sich nicht in den Dienst der Gegenreformation stellen lässt?

In seiner Biografie (1942) über Michel de Montaigne, den Humanisten und Begründer der Essayistik im 16. Jh., schildert Stefan Zweig (1881–1942) dessen Lebenssituation: „Er (Montaigne) hat sich verschanzt in seinen Turm, er hat den Wall seiner tausend Bücher zwischen sich und den Lärm gestellt…". Mit Montaigne, der die Freiheit des Individuums zu seinem zentralen Thema gemacht hatte, beginne „die Hoffnung auf eine Humanisierung der Welt zu erlöschen…Die Reformation, die Europa einen neuen Geist der Christlichkeit zu geben träumte, zeitigt die beispiellose Barbarei der Religionskriege, die Druckerpresse verbreitet statt Bildung den Furor Theologicus, statt des Humanismus triumphiert die Intoleranz. In ganz Europa zerfleischt sich jedes Land in mörderischem Bürgerkrieg, indes in der Neuen Welt sich die Bestialität der Konquistadoren mit einer unüberbietbaren Grausamkeit austobt. Das Zeitalter eines Raphael und Michelangelo, eines Leonardo da Vinci, Dürer und Erasmus fällt zurück in die Untaten eines Attila, eines Dschingiskhan, eines Tamerlan." Bevorzugter Rückzugsort K' und Montaignes ist ihre „Zitadelle", ihr (Elfenbein-?) Turm im preußischen Ermland bzw. in der französischen Dordogne. -> Kapitel 8.5, Montaigne und Kopernikus im Turm, S. 182. Eine neuerliche Zeitenwende im 16. Jahrhundert zum Beginn der Neuzeit? (Stefan Zweig sieht eine Parallele im Europa zu Zeiten des Nationalsozialismus.)

In diesen Jahren ist ganz Nordeuropa mit politischem Durchsetzungswillen der Landesherrn auf dem Wege protestantisch zu werden. Mitte der 1540er Jahre werden die skandinavischen Länder reformiert. Die beiden Humanisten K (†1543) und Luther (†1546) sind jetzt verstorben. Wird die Radikalität der Ereignisse erst aus späterer Perspektive hinreichend deutlich? Hat K Wichtigeres zu tun, als sich zu den revolutionären Vorgängen, zu seinem Antipoden Luther vielleicht doch mal irgendwann zu äußern? K lässt sich vom Zeitfieber nicht umtreiben, sondern stellt sich der alltäglichen Gesamtverantwortung seiner Aufgaben als Domherr und sucht bei jeder passenden Gelegenheit seine

Sternwarte auf, in Heilsberg bis 1510 im Hauptturm und später in Frauenburg im sogen. Kopernikus – Turm bis 1542. Er hat seine eigene „Revolutio" mit dem Himmel im Sinn. Seine Welt ist die ideologiefreie Naturwissenschaft, im Gottvertrauen unbedingt rational. Davon zeugt sein sechsbändiges Lebenswerk De Revolutionibus (1543), eine Grundlage und Chance für die Jahrhunderte neuzeitlicher Entwicklung.

Lange Jahre beschäftigen den ***wissenschaftlichen Autor*** *die Himmelsbeobachtungen und die komplizierte, komplexe Niederschrift seines Hauptwerks De revolutionibus, wenn er nicht vorrangig aktuell seines Amtes als* **Domherr** *walten muss, z. B. in den Reiterkriegen gegen den Deutschen Orden 1520/21. Luther weiß zum Beginn der Reformation jedenfalls auch nichts von seinem epochalen Zeitgenossen K und von dessem revolutionärem Umbau des Himmels; er kanzelt ihn erst später in seinen Wittenberger Tischgesprächen selbstgerecht als astronomischen „Narren" ab (1538). Sein Bruder im Geiste vor Ort, Philipp Melanchthon, Humanist und Co– Reformator, bekräftigt die abwertende Kritik. Da lag das Opus Magnum zur Astronomie schon seit einigen Jahren als Manuskript in Grundzügen in Frauenburg fertig vor, wurde von K überprüft, überarbeitet und erst einmal nicht für den Druck freigegeben, bis andere für den Autor, der im November 1542 nach einem Schlaganfall rechtsseitig gelähmt ist, initiativ wurden.* *-> Kapitel 4.7: Letzte Szenen eines Wissenschaftlers und Gottsuchers, S. 118ff.; -> Kapitel 5.1: Giganten auf den Schultern von Giganten, S. 128ff..*

Mit 60 Jahren dürfte K die Niederschrift seines Opus Magnum, seines Lebenswerks, vorläufig abgeschlossen haben (bis ca. 1533). In den letzten zehn Jahren seines Berufslebens (bis 1542/43) wird er nicht von besonderen politischen Ereignissen in Fürstbistum und Domkapitel gefordert. Die Kollegen Domherren respektieren den alten Herrn im Pensionsalter und sehen von weiteren belastenden Aufgaben für ihn ab. Allerdings bleibt er als Arzt gefragt und geht z. B. noch 1541 mit der Kutsche auf zweitägige Reise zu den Residenzen des Fürstbischofs in Heilsberg und des neuen Herzogs von Preußen in Königsberg, dem er als **Staatsmann** *noch 1520 eine Klageschrift zu den Verwüstungen im Reiterkrieg 1519/20 ins Haus geschickt hat. Im Jahr 1541 übernimmt der Mathematiker noch einmal die Verwaltung der Dombaukasse, ansonsten kann er sich ganz seinen astronomischen Studien, den Beobachtungen des Nachthimmels, und der letztlich unvermeidlichen Herausgabe seines Lebenswerks widmen. Ob er ein Zauderer war? Eher glaubte er im Sinne des griechischen Philosophen Pythagoras (6. Jh. v. Chr.), dass die Wissenschaft um ihrer selbst willen gedacht wird und nicht um die Welt auf den Kopf zu stellen. Modernes Nützlichkeitsdenken kann damit erstmal wenig anfangen.*

Sein astronomischer Ruf ist im Laufe der Zeit in gelehrten Kreisen nicht mehr aufzuhalten. Schon 1533, zehn Jahre vor dem Druck des Hauptwerks, hält der päpstliche Sekretär Johann Albrecht Widmanstetter vor dem aufgeschlossenen Papst Clemens VII. und mehreren Kardinälen im Garten des Vatikans einen Vortrag über das neue Weltsystem des K und bekommt zum Dank von seinem Oberhirten eine griechische Handschrift geschenkt.

Zwei Jahre später (1535) stimmt K zu, dass ein Almanach mit von ihm erstellten astronomischen Tafeln veröffentlicht wird, auf denen die Bewegungen und Stellungen der Planeten festgehalten waren, grundlegende Daten für die heliozentrische Theorie, aber auch für die Festlegung der Tage im kirchlichen Heiligenkalender.

Im folgenden Jahr (1536) schreibt ihm Kardinal Nikolaus von Schönberg, Erzbischof von Capua und weitgereister päpstlicher Gesandter in Europa. Er fordert ihn zur Veröffentlichung seines Hauptwerks auf und bietet an, auf eigene Kosten Abschrift und Druck zu veranlassen. K publiziert in der Einführung seines Hauptwerks, das er Papst Paul III. (1534 bis 1549) widmet, diesen begeisterten Brief des Kardinals, der zweimal Kandidat bei einer Papstwahl war, ein mächtiger Fürsprecher der heliozentrischen These (Zekl, S.65ff.).

Zwei Jahre später (1538) ist K selbst nun doch Kandidat für den Posten des Fürstbischofs im Ermland. Aber fehlt ihm nicht das Theologiestudium und die Priesterweihe als Voraussetzung für das Bischofsamt? Ob ihm letztlich am Prestigeposten nichts liegt, zugunsten seiner Forschungsarbeit, die ihn manche schlaflose Nacht und viel Kraft gekostet hat und ihm immer noch verbesserungsbedürftig erscheint? Beharrlichkeit und Bescheidenheit kennzeichnen K als Mensch und Genie. Den Posten des Fürstbischofs hat dann 1538 der polnische König Zygmunt I Stary/ Sigismund I., der Alte (S. 91) mit seinem weitläufig Verwandten Johannes Dantiscus von Höfen besetzt. Im Jahr darauf tritt K' einziger Schüler und Freund Rheticus an den Nürnberger Drucker Petrejus und den Herausgeber astronomischer Werke Johannes Schöner heran, um mit ihnen die Veröffentlichung des kopernikanischen Lebenswerks in die Wege zu leiten.

Schließlich veröffentlicht Rheticus 1540 in Danzig in der ‚Narratio prima', eine erste Darstellung des kopernikanischen Systems, die er dem Herausgeber Johannes Schöner widmet. Im selben Jahr folgt ein zweiter Druck in Basel. Das Interesse an K wächst, sodass jetzt dem Vorabdruck eines Auszugs über Trigonometrie aus dem Hauptwerk nichts mehr im Wege steht (1542). Nach letzten Überarbeitungen geht das Gesamtwerk ‚De Revolutionibus' Ende 1542 in Nürnberg mit 1000 Exemplaren in den Druck und liegt im Mai 1543 zum Tode seines Autors vor. Weitere Drucklegungen folgen, z. B. in Basel 1565.

Dreizehn Päpste lassen nach dem Tode des K sein Opus Magnum unbeanstandet. Einige Universitäten erteilen seinem Werk allerdings schon im 16. Jahrhundert Hausverbot: Zürich (1553), Rostock (1563), Paris (1576) und Tübingen (1582). Anhänger der Reformation lehnen es im gehorsamen Gefolge Luthers und Calvins gänzlich ab, manche lassen es noch als Hypothe-

senschrift durchgehen. Erst 1616 sorgt Papst Paul V., unter dessen Pontifikat der Bau des Petersdoms vollendet wurde, für die Verdammung. Er hält die heliozentrische Lehre des K für ein größeres Übel als die protestantische Lehre Luthers, der über 100 Jahre früher gegen den päpstlichen Ablasshandel zu Felde gezogen war, mit dessen Geldern der Bau des Petersdoms finanziert worden ist.

Die Missachtung der Indizierung 1616, des kirchlichen Lehrverbots, bringt den Astronomen und bekennenden Kopernikaner Galileo Galilei 1632 in Lebensgefahr. Der Rebell Giordano Bruno, ein weiterer früher Kopernikaner, hat schon 1600 seine astronomischen Überzeugungen und massive Kirchenkritik mit dem Tod auf dem Scheiterhaufen bezahlt. -> Kapitel 5.1: Giganten auf den Schultern von Giganten, S. 128ff.

Mikolaj Kopernik, Porträtskizze 2008, N.N.

Jüngste Darstellung des Astronomen K, Idealbild oder Karikatur aus: Festschrift 2008 (privat). - Das erste sicher überlieferte Porträt des K entsteht 1574, 31 Jahre nach seinem Tod.

-> Kapitel 2.4: Ein Selbstbildnis des Kopernikus als Malvorlage? S. 61ff.
-> Kapitel 8.1: Kopernikanische Bildergalerie, S. 174

Martin Luther, Kupferstich 1520, Lucas Cranach d. Ä.

Älteste Darstellung des Reformators, nach der Wirklichkeit gezeichnet, als asketischer Augustinermönch mit Tonsur; er ist 37 Jahre alt. 1521 wird über ihn der Kirchenbann und die Reichsacht verhängt; damit ist er vogelfrei, d.h. jedermann darf ihn ungestraft erschlagen. *luther.de/ wikimedia*

-> Kap. 8.4: Zwei Rebellen im Humanismus - Kopernikus † 1543 und Luther † 1546, ein gezielter Vergleich, S. 181f.

4.2 Vorbilder und Vorläufer K‘ aus der griechischen Antike

Hochrenaissance um 1500 mit den Pythagoräern und Platon

Pythagoras von Samos, 6. Jh. v. Chr. (links), Ahnherr der religiös - philosophischen Bewegung der Pythagoreer
Platon (rechts), um 400 v. Chr., einflussreicher Philosoph aus Athen bis heute, Schüler des Sokrates

In der Einleitung zum ersten Buch der *Revolutiones* zitiert K den Philosophen Platon (um 400 v. Chr.) als die fraglose Autorität, auf die er sich beruft, warum er sich überhaupt an die Arbeit macht, den Himmel gegen die astronomische Vorlage des Ptolemäus (2. Jh.) neu zu berechnen. Platon sei im siebten Buch der ‚*Gesetze*‘ (altgriech. „Nomoi“) der Meinung, die Astronomie sei *„besonders erstrebens- und betreibenswert, da sie, über die Zuordnung der Tagesreihe in Monate und Jahre, die Zeitfestsetzung für Feste sowie für heilige Handlungen die Bürgerschaft regsam und wach erhalte... Platon und er seien der Ansicht, es sei weit gefehlt, dass jemand als groß aufgestellt und bezeichnet werden könnte, der weder von der Sonne noch von dem Monde noch von den übrigen Gestirnen die notwendige Kenntnis besitze* (Zekl 83). Platon ist demnach letztlich die große Autorität und geistiger Auftraggeber des K für Neuberechnungen des Himmels und damit des Kalenders. -> *Kapitel 4.3: Das Jahrhundert der Kalenderreform, S. 101.* Der Schriftsteller Plutarch habe (noch 500 Jahre nach Platon) auf mangelnde astronomische Untersuchungen hingewiesen, und auch das ptolemäische (geozentrische) Weltbild bedürfe der weiteren Bearbeitung und Verbesserung. K versucht seine scheinbar unzeitgemäße wissenschaftliche Astronomie im Voraus unter Hinweis auf vergangene Autoritäten zu rechtfertigen.

In der *Vorrede*, dem Widmungsbrief seines Gesamtwerks für *Papst Paul III.* (1534 bis 1549), beruft sich *K* auf die *Pythagoreer* (6. und 5. Jh. v. Chr.), insbesondere auf den Philosophen und Kosmologen *Philolaos* (5. Jh. v. Chr.), eines weiteren frühen Zeugen gegen das geozentrische Weltbild des Ptolemäus (2. Jh.). Philolaos ist für ihn ein *ungewöhnlicher Mathematiker*, den er mit Aristarch von Samos (3. Jh. v. Chr.) noch einmal am Ende des ersten Buches als Vertreter der *Bewegbarkeit der Erde* (Revolutiones, Zekl 149) hervorhebt. Im Gegensatz zu Platon, der die Erde als feststehende Kugel in einem sich drehenden Universum sieht, kreist nach Philolaos die sich drehende Erdkugel mit den anderen Planeten und mit der Sonne um ein zentrales Feuer. Diese Sicht der Dinge ist für K *ein guter Ansatzpunkt* seinerseits *über die Bewegbarkeit der Erde nachzudenken (Zekl 75)*. Beide Sichtweisen lassen sich pythagoreisch herleiten. Wichtig für K und sein Verständnis astronomischer Tradition ist außerdem ein biografisch belegter Besuch Platons bei Philolaos in Italien. Dass seine beiden Protagonisten möglicherweise in einem eher mythischen Verständnis der Weltharmonie ohne empirische Belege überein gekommen sind, dürfte ihm klar gewesen sein. Der Gegenpol bleibt der wissenschaftlich arbeitende Geozentriker *Ptolemäus*, gegen den er sich bei allem Respekt u. a. mit Berufung auf *Philolaos* positioniert.

Raffael, Die Schule von Athen (ca. 1510),
Fresko im Vatikan (zwei Ausschnitte, s. S. 54ff.)
Bildausschnitt links:
In der Bildmitte Pythagoras aus Samos, 6.Jh. v. Chr., Ahnherr und Begründer des philosophisch-religiösen Bundes der Pythagoreer, eine geschlossene Gemeinschaft zur Förderung wissenschaftlicher Bildung. Hinter Pythagoras, ihm aufmerksam über die Schulter blickend, angeblich Philolaos – so ein Deutungsversuch des großen Gemäldes aus der Hochrenaissance:

http://www.schule-athen.at/pythagoras

Bildausschnitt rechts:
Platon (links) mit der Schrift ‚Timaios', ein Dialog „Über die Natur", unterm linken Arm, und Aristoteles (rechts) mit der Schrift ‚Nikomachische Ethik', Leitfaden für ein glückliches Leben, in der linken Hand:

http://de.wikipedia.org/wiki/Platon

-> Kapitel 2.3: Raffael malt Kopernikus am Rande, S. 54ff.

Aristoteles, ein Geozentriker, kommt als astronomischer Sinnstifter bei K nicht vor, wird aber ehrenhalber als großer Zeitgenosse Platons doch zitiert. In seiner Nachfolge vertritt 500 Jahre später auch Ptolemäus die geozentrische Lehre, die sich die Papstkirche zu eigen macht, da im Einklang mit der Bibel.

4.3 Das Jahrhundert der Kalenderreform

K verweigert sich anfangs dem Papst Leo X.

K wurde 41jährig im Jahr 1514 vom Papst Leo X., Giovanni de Medici (1513- 1521), aufgefordert, an einer Kalenderreform zur christlichen Zeitrechnung mitzuarbeiten, die seit dem 14. Jahrhundert immer wieder neu und auf Dauer eine Herausforderung für die kirchlichen Mathematiker und ihren Oberhirten bedeutete. Da die mittlere Länge eines Jahres im damals seit ca. 1600 Jahren geltenden *Julianischen Kalender* des großen Gaius Julius Cäsar aus dem Jahrhundert vor der Zeitenwende (ermordet 44 v. Chr.) nicht genau der eines Sonnenjahres entsprach, hatte sich z. B. das Datum der Wintersonnenwende im Laufe der Jahrhunderte um zehn Tage verschoben. Das Osterfest mit der Auferstehung des Gottessohns kam dem Sommer immer näher.

Papst Leo X. schrieb am 21. Juli 1514 Briefe an Kaiser und Könige, und in seinem Auftrag wurden auch europaweit weitere Anschreiben verfasst, die an die astronomischen Experten des 16. Jahrhunderts gingen. K zählte zu den Wissenschaftlern, die zur Kalenderkommission nach Rom eingeladen waren. Man kannte im Vatikan offensichtlich seine astronomischen Studien, die über Abschriften seines 10seitigen *Commentariolus/ Entwurf* (1506) in Fachkreisen geläufig waren (S. 73ff.). Nur so konnte K zu vatikanischen Ehren gekommen sein, an der Reform des julianischen Kalenders mitzuarbeiten, und zwar nicht als Ketzer, sondern als getreuer Diakon seiner Kirche. Der gelehrte, fachlich bestens informierte Domherr gab zu bedenken, dass die astronomische Theorie des Universums insgesamt neu und genauer bedacht werden müsse, ehe man sich der Frage der Kalenderreform zuwenden könne, und sagte seine Teilnahme ab. 1515 reichte er schließlich doch noch trotz seines weitsichtigen Vorbehalts schriftlich ein paar Vorschläge für die geplante Reform nach (welche, ist nicht überliefert). Das war er als gehorsamer Diakon seinem Oberhirten schuldig (Diakon, altgriech.: ‚Diener' der Kirche; Stufe eines Kirchenamtes vor der Priesterweihe; lat. Kanonikus).

Zu einem Beschluss ist es auf dem V. Lateranischen Konzil (1512 bis 1517) nicht gekommen. Papst Leo starb hoch verschuldet. Zuvor exkommunizierte er noch im Januar 1521 Martin Luther wegen seiner 95 Thesen gegen die Papstkirche aus dem Jahre 1517.

K hatte im ‚*Commentariolus*'/ Entwurf (1506), im ersten astronomischen Manifest der Neuzeit, Überlegungen zur zentralen Stellung der Sonne formuliert und Folgerungen für die Jahreslänge in Tagen und für den Kalender angenommen. -> Kapitel 3.2: Entwurf des neuen Himmels mit 33 Jahren, S. 73ff. Zwar war der Text nur in wenigen handschriftlichen Exemplaren verbreitet worden, dennoch konnte er offensichtlich die Aufmerksamkeit der damaligen Fachwelt, also auch der hohen katholischen Kirchenvertreter erregen. Ein Exemplar befand sich am 1. Mai 1514 nachweislich in Krakau. „*Kopernikus ... hatte der Wissenschaft ... einen völlig neuen Weg gewiesen ...*" und das kritische Denken gegen die sinnliche Wahrnehmung gestellt (Hermanowski, S. 89). Seine Ergebnisse galten allerdings (nur) als Lehrmeinung und Diskussionsbeitrag, deren Folgen für die Praxis nicht unbedingt relevant schienen; Beweise standen ja noch aus.

1515 (oder wenig früher) hatte K mit einer ersten Niederschrift seines umfangreichen, hoch komplexen Lebenswerkes *De Revolutionibus* (1543) begonnen und war auch weiterhin mit astronomischen Studien beschäftigt, z. B. im selben Jahre am 25. Februar und am 5. Mai mit Himmelsbeobachtungen des Saturn, des sechsten und letzten, damals bekannten, noch für das bloße Auge sichtbaren Planeten. Auch weil er zu jenem Zeitpunkt für seine im *Commentariolus* vertretenen Thesen noch keine mathematischen Beweise hatte und einen Sachzusammenhang zwischen der Kalenderreform und seinen heliozentrischen Thesen sah, wollte er in Rom vor Ort im Auftrag des Papstes keine wissenschaftlichen Aufgaben übernehmen. Die Reform blieb auch so erst einmal noch sieben Jahrzehnte liegen, weil manchen Papst die irdischen Geschäfte mehr forderten als die Himmelsmathematik.

Aus dem 16. Jahrhundert sind später 10 Tage gestrichen worden, und zwar der 5. bis 14. Oktober 1582. Der zu ungenaue Julianische Kalender wurde jetzt ca. 1600 Jahre nach G. J. Cäsar unter der Regie des Papstes Gregor XIII. korrigiert, damit die Chronologie des Universums und ihre menschliche Berechnung, die immer schon mehr schlecht als recht zueinander passten, etwas besser übereinstimmten. Auf Donnerstag, den 4., folgte sofort Freitag, der 15. Oktober.

Der Chefastronom im Vatikan Christopher Clavius, Jesuit aus Bamberg, der federführend in der Reform war, hatte die Vorarbeiten des K in einer Erläuterung des neuen Kalenders namentlich gewürdigt. Titel der Schrift: *"Über die Periode der Unregelmäßigkeit der Äquinoktien sowie der Ungleichheit der Jahre nach der Lehre des Copernicus"*. (Äquinoktien: lateinisch, gleiche Tag- und Nachtlänge, im Frühling am 21. März und im Herbst am 23. September überall auf der Erde).

Links: Christopher Clavius, Chefastronom im Vatikan, 1538 bis 1612, und rechts: Papst Paul V., 1605 bis 1621, 1616 Inquisitionsverfahren gegen Galilei (S. 97f.)

Christopher Clavius, Chefastronom und wissenschaftlicher Begründer der vatikanischen Sternwarte, war Leiter der Kalenderreform von 1582 unter Papst Gregor XIII. Bert Brecht macht ihn in seinem Drama „Leben des Galilei" (1939) zum kopernikanischen Kronzeugen für die Relevanz der heliozentrischen These des Kopernikaners Galileo Galilei. Dessen berühmter Satz nach seiner Unterwerfung unter das geozentrische Diktat des Vatikans 1633: "...und sie (die Erde) bewegt sich doch!" Er musste ein Todesurteil der Inquisition befürchten, das wenig früher der Kopernikaner Giordano Bruno 1600 in Rom auf dem Schaffott erlitten hatte; er wurde verbrannt. Der Platz der Hinrichtung heißt heute nach ihm: Bruno ist nach 400 Jahren unter Papst Johannes Paul II. kirchlich rehabilitiert worden.

Seit dieser Kalenderreform von 1582 dominiert der Gregorianische Kalender die Zeitzählung bis in unsere Tage, und nicht nur der christlich-abendländischen Welt. Die sichtbaren Himmelsbewegungen von Sonne und Mond um die Erde lieferten die Grundlage für die Terminierung der kirchlichen Hochfeste und die Zeitordnung generell. Es zeigt sich: Der Gregorianische Kalender hilft bis heute einigermaßen, den engen Zeithorizont menschlicher Existenz gedanklich zu überwinden, und er verweist mit seiner Datenhochrechnung für die jährlichen kirchlichen Fest- und Feiertage beliebig weit in die Zukunft. Damit ist er ein kirchlich rechnerischer Versuch, Ewigkeit fassbar zu machen.

Papst Gregor XIII. auf dem Thron links oben im Bild mit der Tiara auf dem Kopf, leitet im Vatikan 1582 ‚ex cathedra' die Sitzung seines Wissenschaftsrates zur Kalenderreform. Den Zeigestab in der Mitte hält Christopher Clavius in der Hand, der Chefastronom und wissenschaftliche Begründer der vatikanischen Sternwarte.- Historisches Gemälde

Die päpstliche Bulle „Inter gravissimas“ (1582) dokumentiert die Ergebnisse und verkündet den neuen Kalender in den kirchlichen Institutionen und damit in aller Welt. Der ab dem 15. Oktober 1582 (nicht rückwirkend) geltende Gregorianische Kalender bekam seine Gültigkeit bis heute; er legt letztlich auch die Jahreslänge unter Berücksichtigung der Berech nungen von K fest. Seine heliozentrische These begann sich allerdings erst im 17. Jahrhundert in wissenschaftlichen Kreisen durchzusetzen.

Die gregorianische Regelung wurde (wie heute bekannt und weitgehend geläufig) mit Schalttagen alle vier Jahre festgelegt, der Februar erhält statt 28 dann 29 Tage; durch 400 teilbare Jahrhundertjahre, z.B. 2000, sind ebenso Schaltjahre. Ein noch verbleibender Zeitfehler von Minuten ergibt erst in über 3000 Jahren einen Tag. Im Jahre 1776 wurde der Gregorianische Kalender in Deutschland unter der Bezeichnung Allgemeiner Reichskalender verbindlich eingeführt. Bis dahin verfuhren auch die protestantischen Länder im nördlichen Europa ohne große Folgen für die Alltagsgeschäfte nicht immer einheitlich.

Papst Gregor XIII., Ölbild 1582

Ob geo- oder heliozentrisches System spielte und spielt dabei eigentlich keine Rolle, wie wir auch in manch anderer Hinsicht in unseren alltäglichen Lebensverhältnissen auf die Besonderheit der kopernikanischen Heliozentrik nicht weiter angewiesen zu sein scheinen. Nehmen wir heute zum Beispiel spielerisch die Umschaltung der Uhr im Frühling von MEZ auf MESZ (Mitteleuropäische -Sommer- Zeit): menschliche Rechnungskünste gehen am Verlauf der Jahreszeiten, der Gestirne und am Tag- und Nachtleben in unserem Uni-, Multi- oder Pluriversum vorbei – der Nutzen bleibt fraglich. > Kap. 10.2: Sieben Fragen an das Universum heute und an die Leserschaft, S. 197ff.

Seit dem 14. Jahrhundert wurden immer wieder Vorschläge für eine Kalenderreform unterbreitet – u. a. durch Nikolaus von Kues im Auftrag des Konzils von Basel (1431 bis 1449) und von Regiomontanus (beide 15. Jh.). Diese blieben folgenlos. Jetzt aber bildeten K' Werk *De Revolutionibus* (Nürnberg 1543) und die sog. *Prutenischen Tafeln* von *Erasmus Reinhold* (Wittenberg 1551), die dieser auf der Grundlage von Beobachtungen und Berechnungen hergestellt hatte, eine Basis für die schließlich von Papst Gregor XIII. dekretierte Reform von 1582.

Anlass für die Gregorianische Reform war u. a. das religiöse Bedürfnis, Ostern, das kirchliche Hochfest der Auferstehung, am ‚richtigen' Tag zu feiern. In ‚gelehrten' Kirchenkreisen gab es tatsächlich auch den schlichten, allzu menschlichen Vorschlag, nur die Ostertafeln mit den Daten zu ändern und sich nicht weiter um die astronomische Tag- und Nachtgleiche im Frühling (*Frühlingsäquinoktium*) zu kümmern. Der nächste Frühling kommt bestimmt.

Bild: Vollmond in der Osterwoche mit einem Krater für K im Zentrum
Neben K werden auch nach Bruno, Kepler und Aristarch von Samos, dem antiken Heliozentriker und sogen. ‚griechischen Kopernikus' (3. Jh. vor der Zeitenwende), Mondkratere benannt. Sie liegen ‚naheliegend' alle vier dicht beieinander, im Zentrum oben (Bild oben).

Das Alter des Neumonds in den Tagen zum Jahresbeginn ergibt jährlich neu die Berechnungsgrundlage für den jeweiligen Ostertermin, der für Jahrhunderte vorausberechenbar ist. Für den Laien leicht zu merken: Ostersonntag folgt in der Woche auf den Frühlingsvollmond.

Kopernikanische Berechnungen zum Herbst– und Frühlingsanfang gehörten schließlich also doch noch zu den Grundlagen der bis auf den heutigen Tag gültigen Kalenderreform von Papst Gregors XIII. aus dem Jahre 1582. Das hat Christopher Clavius, Chefastronom im Vatikan unter insgesamt acht Päpsten, namentlich bezeugt. Seine Schrift *"Über die Periode der Unregelmäßigkeit der Äquinoktien sowie der Ungleichheit der Jahre nach der Lehre des Copernicus"* (Rom 1582) konnte allerdings K' Werk nicht vor der Zensur, der Indizierung 1616, bewahren.

Auch der derzeitige argentinische 266. Papst Franziskus SJ (seit 2013; Societas Jesu/ Jesuitenorden) hat einen hauseigenen Astronomen: den Astrophysiker und Experten für Meteoriten Guy Consolmagno (seit 2015), Jesuit wie Franziskus und Christopher Clavius. Consolmagno bewegt sich in dem schwierigen Grenzgebiet zwischen Wissenschaft und Glauben und hat dazu mit einem Ordensbruder ein Buch geschrieben, Titel: *„Wo war Gott als das Universum geschaffen wurde? – Verblüffende Antworten aus der vatikanischen Sternwarte“* (Herder Freiburg 2016) [1]. Auf die Bibel als Arbeitsgrundlage kann und darf er nicht verzichten. Die erste Frage des in Dialogform verfassten Werks lautet: *„Würden Sie einen Außerirdischen taufen?“* (S. 9 und 231). So auch der Titel der englischen Originalausgabe: *Would you baptized an Extraterrestrial?“* (Vatikan 2014). Ob man jemals einem begegnet?

Papst Franziskus SJ (2015)

[1] Im Jesuitenorden selbst steht SJ (Societas Jesu) im Spaß auch schon mal für ‚Schlaue Jungs‘. – Mit einem US-Professor kommt ein kompromissloser Gegenpart zum vatikanischen Autor Guy Consolmagno, SJ, zu Wort: Lawrence M. Krauss, „Ein Universum aus Nichts“, München 2013 (Originaltitel „A Universe from Nothing“, New York 2012). Krauss ist Professor für Astrophysik, Experte für Teilchenphysik und Kosmologie, Arizona State University: „Ich will von Anfang an mit offenen Karten spielen und bekennen, dass ich nichts mit der Vorstellung anfangen kann, die Schöpfung erfordere einen Schöpfer – eine Behauptung, welche die Grundlage aller Religionen der Welt bildet.“ (Vorbemerkung S.7) – Urknall mit oder ohne Gott? In jedem Fall: *„Es werde Licht!“* Buch 1. Mose 1:3.; -> Kapitel 7: Die Kopernikanische Wende: „Königin der Revolution“, S. 157; -> Kap. 10: Das Universum ist nicht zu fassen, S. 195ff.

4.4 „Nicolaus Copernicus, Umläufe, Erstes Buch, Einleitung“ 1543

Die Erhabenheit des sichtbaren Gottes, lat. „visibilis deus“

Nicolai Copernici Revolutionum Liber Primus Prooemium Anno MDXLIII *

Inter multa ac varia litterarum artiumque studia, quibus hominum ingenia vegetantur, ea praecipue amplectanda existimo summoque prosequenda studio, quae in rebus pulcerrimis et scitu dignissimis versantur. Qualia sunt quae de diuinis mundi reuolutionibus cursuque siderum, magnitudinibus, distantijs, ortu et occasu caeterorumque in caelo apparentium causis pertractant ac totam denique formam explicant. *Quid autem caelo pulchrius, nempe quod continet pulcra omnis? ...Ipsum plerique philosophorum ob nimiam eius excellentiam visibilem deum vocauerunt.* 1) *Proinde si artium dignitates penes suam de qua tractant materiam aestimentur, erit haec longe praestantissima, quam alij quidem Astronomiam, alij Astrologiam, multi vero priscorum mathematices consummationem vocant.* 2). Ipsa nimirum ingenuarum artium caput, dignissima homine libero, omnibus fere mathematices speciebus fulcitur. Arithmetrica, Geometrica, Optice, Geodesia, Mechanica et si quae sint aliae, omnes ad illam sese conferunt.

At cum omnium bonarum artium sit abstrahere a vicijs et homines mentem ad meliora dirigere, haec praeter incredibilem animi voluptatem abundantius id praestare potest.3) *Quis enim inhaerendo ijs, quae in optimo ordine constituta videat diuina dispensatione dirigi, assidua eorum contemplatione et quadam consuetudine non prouocetur ad omnia admireturque opificem omnium, in quo tota felicitas est et omne bonum?* *

>Übersetzung: „Unter vielen verschiedenen Beschäftigungen mit Wissenschaft und Kunst, durch die menschliches Talent befördert wird, halte ich besonders für ergreifens- und höchst eifrig betreibenswert, die es mit den schönsten und wissenswertesten Gegenständen zu tun haben. Derart sind die, welche von den göttlichen Welt-Umläufen und der Bahn der Gestirne, Größen, Entfernungen, Auf- und Untergang und den Gründen der übrigen Erscheinungen am Himmel handeln und endlich die gesamte Gestaltung darstellen. *Was ist schöner als der Himmel, der doch alles Schöne in sich ent-*

hält? ... Ihn selbst haben die meisten Philosophen wegen seiner ausnehmenden Erhabenheit „sichtbaren Gott" genannt (1). *Wenn daher die Wertschätzung der Wissenschaften je nach dem Gegenstand, von dem sie handeln, beurteilt werden soll, so wird die bei weitem die vorzüglichste sein, welche die einen wohl „Astronomie", andere „Astrologie", viele aber unter den Alten „Höhepunkt der Mathematik" nennen* (2). Ohne Zweifel wird sie, als Haupt der edlen Wissenschaften, wahrlich würdig eines freien Mannes, von so ziemlich allen Zweigen der Mathematik abgesichert: Arithmetik, Geometrie, Optik, Geodäsie, Mechanik, und wenn es sonst noch welche anderen gibt, - alle tragen zu ihm bei.

Wenn es nun aber aller guten Künste Aufgabe ist, von Fehlern fortzuführen und den Menschensinn auf Besseres hinzulenken, so kann diese, abgesehen von der unglaublichen geistigen Lust, das besonders reichlich leisten (3). *Wer würde denn nicht, wenn er forschend verweilt bei dem, was er in bester Ordnung erstellt und von göttlichem Walten gelenkt sieht, bei beständiger Betrachtung dessen und einer Art Gewöhnung an es, zum Besten herausgefordert und würde nicht bewundern den Meister von allem, in dessen Hand alles Glück und alles Gute liegt?"* *

* Text/ Übersetzung nach: Hans-Günter Zekl, Nicolaus Copernikus, Das neue Weltbild, Sonderausgabe Philosophische Bibliothek, Meiner 2006; 252 Seiten, S. 224f. (Zekl 2006). Die verdienstvolle informative, auch preiswerte Ausgabe von Zekl enthält zentrale Texte, in denen K seine Entdeckung veröffentlichte und begründete. Zekl erläutert sie wissenschaftlich kundig und verständlich. Texte Lateinisch - Deutsch: u.a. „Commentariolus"/ Entwurf (1506, s. S. 13) und „De Revolutionibus"/ Umläufe Buch I (1543) - Titelblatt der Erstausgabe von 1543 (s. S. 15).

Aussagen, die die himmlische Begeisterung des tiefgläubigen Astronomen unterstreichen, sind in den beiden Texten oben kursiv gesetzt. K gibt seinem Herrgott in griechisch- antiker Tradition durch die Astronomie ein strahlendes Gesicht. Sein konkretes Bild von Gott teilt uns K nur hier in der Einleitung zu seinem Lebenswerk „De Revolutionibus" (1543)/ Umläufe mit. Die Arbeit an den sechs Büchern De Revolutionibus waren für ihn lebenslanger Gottesdienst am Altar des Himmels. In dieser Textstelle wird das in wenigen grundlegenden Sätzen verdeutlicht. Zum Priester wurde er nicht ordiniert, dazu fehlte das Theologiestudium. Zum Diakon, der Vorstufe, ist er 1495 geweiht worden. 1538 war K einer von vier Kandidaten fürs Bischofsamt im Ermland, vorgeschlagen von seinem Freund Tiedemann Giese, seinerzeit Bischof in Kulm. Die fehlende Priesterweihe könnte der neuen Ordination entgegengestanden haben. Die Nachwelt kann K durch seinen astronomischen Dienst am Himmel ordiniert sehen.

Die Wertschätzung der Astronomie als Generalwissenschaft und Höhepunkt der Mathematik ist aus der Antike tradiert und wurde seit Ptolemäus kirchlich akzeptiert. Zwischen Astronomie und Astrologie wurde dabei nicht scharf getrennt. Die Planeten und die Sternbilder sind für K ohne jede mythische Aussage und dienen ihm zur Orientierung am Himmel. > Kapitel 2.2: Sternstunde mit Mond am 9. März 1497, 22:45 Uhr, S. 48ff. und ->Kapitel 3.3: Gottesdienst am Universum, S. 79ff.

Anmerkungen zum lateinischen Text und zur deutschen Übersetzung
1) Nach einem Hinweis von Cicero sollen dies u. a. die Philosophen Platon und Aristoteles sein (Zekel 2006, S. 224, Anmerkungen). -
2) Mit Astrologie als Sterndeutung menschlichen Schicksals hat sich noch mancher anerkannte Astronom der frühen Neuzeit wie z. B. der ‚Kopernikaner' Johannes Kepler beschäftigt, der andererseits die rein rationalen mathematische Gesetze zu den elliptischen Planetenbahnen formuliert hat und auch deswegen zu den Giganten der Physik zählt. -> Kapitel 5.1: Giganten auf den Schultern von Giganten, S. 128ff. K hat der Astrologie, der nicht nur Kaiser und Könige anhingen, erst gar keine Aufmerksamkeit geschenkt. Sein Auskommen war allerdings auch kirchlich abgesichert. Ihm standen als Domherrn eine Pfründe mit Dienern und einer Reisekutsche zu, mit der er oft im Amt, nicht nur als Arzt auf Visite, unterwegs war. -
3) die Astronomie als Höhepunkt und Vollendung der Mathematik.

4.5 Anna liebt Nikolaus

Szene aus: „Kopernik“, Spielfilm, Polen 1973; Regie: C. und E. Petelski [1]

Ort/ Jahr: Frauenburg - Domburg; hier *Sternwarte des Kopernik seit 1510*, historisch der sog. Kopernik - Turm / *Zeit der Handlung ca. 1516* [2]
Personen: Kopernik (ca. 43 Jahre alt) und Anna Schillings (deutlich jünger), seine Haushälterin; beide, stattlich gekleidet.

- Anna kommt aus der Kathedrale und geht über den Hof der Domburg. Ein Geistlicher schaut ihr misstrauisch neugierig hinterher.
- Ortswechsel. Anna putzt auf der Sternwarte Staub in Gegenwart von K, der in Skizzen vertieft ist. Ein paar Arbeitsblätter segeln dabei zu Boden.

Anna
Entschuldigung, ich wollte nicht stören.

Kopernik
Du störst nicht, *schaut auf sie und betont*, du störst nie!
Er arbeitet an einer astronomischen Karte. Anna möchte ihm hilfsbereit mit einer Öllampe leuchten.

Im ‚Kopernik-Turm‘, Frauenburg. Arbeitszimmer des Astronomen (Einrichtung 1916) - http://frombork.art.pl/pl/historia-muzeum-mikolaja-kopernika-we-fromborku/

Kopernik
Ich danke dir, Anna. Du kannst die Lampe wieder mitnehmen.
Sie geht.
-Ortswechsel. Anna deckt im Wohnraum den Tisch, zieht sich ein prächtiges Kleid an und entzündet zwei große Kerzen. K kommt von der Sternwarte und reibt sich vor dem flackernden Feuer im Kamin die Hände.

Kopernik

Jetzt haben wir eine Ruhepause verdient! Heute werde ich nicht mehr arbeiten. Würdest du mir aus dem „ Tristan“[3] vorlesen? *Anna kommt erwartungsvoll auf ihn zu und gießt ihm Wein ein. Er staunt über ihr schickes Aussehen.*

Kopernik

Was für einen Festtag haben wir denn heute?

Anna

Vor genau sechs Jahren [4] haben wir hier im Haus die ersten Gäste empfangen. Da hatte ich genau dieses Kleid an. So habe ich damals ausgesehen, nicht wahr? *Anna geht zum Bücherregal und greift nach einem dicken Buch.* Ich werde vorlesen, aber diesmal nicht aus dem „Tristan“! *Sie setzt sich und liest aus einer dicken Bibel vor:* „Steh auf, meine Freundin und geh! Meine Schöne, geh, geh los! - Denn sieh! Der Winter ist gewichen, der Regen ist vergangen, auch er ging. - Blüten lassen sich sehen auf Erden, die Zeit des Liedes ist da, in unserem Land lässt sich die Stimme der Taube hören. - Die Feigenblüte hat Farbe bekommen und blühende Reben duften. Steh auf, meine Freundin, und geh! Meine Schöne, geh, geh los! - Meine Taube! In Felsschluchten im Versteck des Abhangs lass mich deine Erscheinung sehen, deine Stimme hören. Ja! Deine Stimme tut wohl, dein Erscheinen ist wunderbar.“[5] *Beide schauen sich innig an und löschen die zwei Kerzen; sie bläst die eine aus, er löscht die andere energisch mit der flachen Hand. Dunkel.*

Erläuterungen

Aus: Das Hohe Lied Salomo. Sammlung althebräischer Liebes- und Hochzeitslyrik, übersetzt von Martin Luther, Berlin, Verlag der Nationen 1983, S.12.

Das Zitat S. 112 aus dem Alten Testament („Schriften") lautet, sprachlich angeglichen: „Er küsse mich/ mit dem Kusse seines Mundes/ denn deine Brüste sind/ lieblicher als Wein./ Köstlich ist der Duft deiner Salben / dein Name ist ausgeschüttetes Salböl/ darum lieben dich die Mädchen. Zieh mich hinter dir her, so/ wollen wir eilen". Abbildung mit freundlicher Genehmigung: Gerald Gneist. http://www.david.juden.at/kulturzeitschrift/76-80/80-gneist.htm

Martin Luther, der große Zeitgenosse K', hat die Bibel aus dem Lateinischen und Altgriechischen ins Deutsche übersetzt: das Neue Testament 1522, das Alte Testament bis 1534. Zum Zeitpunkt 1522 hat K mit der endgültigen Niederschrift seines Hauptwerks begonnen. -> Kapitel 8.4: Zwei Rebellen im Humanismus: Kopernikus † 1543 und Luther † 1546, ein gezielter Vergleich, S. 181.

⁂

Die tragisch endende, weil verbotene Liebesbeziehung zwischen dem Ritter Tristan und der Königstochter Isolde, dem Film „Kopernik" (1973) nach offensichtlich gelegentlich gemeinsame melancholische Abendlektüre von Anna und Nikolaus, wird in dieser Szene von Anna keck und folgenreich durch den auch erotischen Text „Das Hohe Lied der Liebe" aus dem Alten Testament ersetzt. Und K lässt sich gern verführen. Das (Liebes-) Paar Anna und Nikolaus ist historisch nicht widerlegt, die gemeinsame erotisch stimulierende Abendlektüre eine Idee des polnischen Regisseurs, der schon zu Beginn der Filmhandlung die sexuelle Beziehung mit dem Zölibat konfrontiert, zu dem sich auch K trotz (nur) niederer Weihen zum Diakon verpflichtet hat. Die filmische Kritik von 1973 an der angeblich lebensfremden katholischen Kirche liegt auf der künstlerischen Linie des kommunistischen ‚Sozialistischen Realismus' der Volksrepublik Polen 1945 - 1989 (Film von 1973 zum 500. Geburtstag K'; 1).

Im weiteren Filmverlauf wird dem visionären Astronomen indirekt, aber jedenfalls ahistorisch mit Folter gedroht. -> Kapitel 5.3: *Kopernikus im Salz, im Film und als ‚Wende-Denkmal', S. 137.* Historisch wird die lebensfrohe und -praktische Beziehung zwischen der Haushälterin Anna Schillings und dem dann 65jährigen Domherrn laut Quellenbelegen von 1538 nach mehrmaliger Intervention des neuen ermländischen Bischofs Dantiscus (der selbst eine außereheliche Tochter Elisabeth hatte) endgültig unterbunden. K fügt sich. -> Kap. 4.6: K trennt sich von Anna, S. 115ff. Die Erneuerung der katholischen Kirche durch die Gegenreformation verlangt zur Durchsetzung strikte Einhaltung kirchlicher Regeln. Anna Schillings zieht nach Danzig und heiratet einen Kaufmann. Für die Wahl des neuen Bischofs 1538 war K selbst auch Kandidat, vorgeschlagen von seinem besten Freund, dem ehemaligen Domherrn zu Frauenburg, derzeitigem Bischof von Kulm und später dann selbst Fürstbischof des Ermlandes.

Anmerkungen

1) Aus: „Kopernik“, 3. Szene (Spielfilm, Polen 1973; Regie Czeslaw und Ewa Petelski) - Mitschrift des Films; Übersetzung aus dem Polnischen, Skript von Monika Krebs, Warendorf 2007 (privat)
2) Die sogen. „Reiterkriege“ mit dem Deutschen Orden von 1519/ 1520 sind Inhalt einer späteren Szene.
3) Tristan und Isolde, eine tragisch endende Liebesgeschichte; diverse Erzählungen aus dem europäischen Mittelalter, z.B. Gottfried von Straßburgs Versroman aus dem 13. Jahrhundert
4) Seit 1510 ist Kopernikus nach 15jähriger Beurlaubung aktiver Domherr in Frauenburg. Die Filmszene könnte demnach 1516 spielen.
5) Altes Testament, Das Hohe Lied der Liebe Salomos

4.6 K trennt sich von Anna

D. Sobel, „Und die Sonne stand still", Theaterstück, II. Akt, 12. Szene (1)

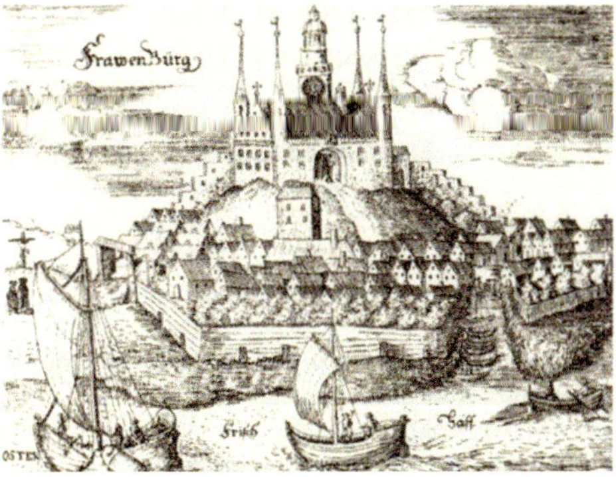

Frauenburg, Am Frischen Haff, 1684, Stich Anon. - Blick von der Ostsee aus

Ort/ Zeit der Handlung: Frauenburg 1539, Kurie des K westlich der Domburg

In Kopernikus' Schlafzimmer

ANNA steht fassungslos, schmerzerfüllt da.

KOPERNIKUS: Es ist nur für kurze Zeit.
ANNA: Nur...?
KOPERNIKUS: Bis er sich wieder beruhigt hat. Wegen des Mordanschlags. Du weißt doch.
ANNA: Aber es hat doch gar keinen Mordanschlag gegeben. Du hast es selbst gesagt: Er hat bloß etwas Verdorbenes gegessen.
KOPERNIKUS: Du weißt, wie cholerisch er ist. 2)
ANNA: Wie lange werden wir getrennt sein?
KOPERNIKUS: Ich weiß es nicht. Aber ich denke, je früher wir uns damit abfinden, desto schneller wird sich die ganze Aufregung legen. Dann können wir wieder zusammen sein.
ANNA: Versprochen?
KOPERNIKUS: Du wirst sehen.
ANNA: Aber wo soll ich bloß hin?

KOPERNIKUS: Bischof Giese hat angeboten, dass du...3)
ANNA: Du hast schon eine Bleibe für mich? So schnell?
KOPERNIKUS: Er hat's nur mal angeboten. Er will uns helfen.
ANNA: Na, dann ist ja alles geregelt. Fertig und beschlossen.
KOPERNIKUS: Ich wollte dich nicht auch noch damit belasten. Da habe ich mich natürlich nach einer Unterkunft für dich umgesehen. Einer vorübergehenden Unterkunft.
ANNA: Ich brauche keine neue Bleibe. Mein Zuhause ist hier.
KOPERNIKUS: Anna.
ANNA: Ich habe ein Recht darauf, hier zu sein.
KOPERNIKUS: Weiß ich doch.
ANNA: Was ist mit ihm? *Ihn* sollte man aus der Stadt vertreiben.
KOPERNIKUS: Das ist was anderes. Er ist krank.
ANNA: Vielleicht sollte ich krank werden.
KOPERNIKUS: Anna.
ANNA: Warum nicht? Dann müsstest du dich auch um mich kümmern.
KOPERNIKUS: Nicht doch, Anna.
ANNA: Wieso nicht? Er könnte mich doch angesteckt haben. Ich habe ihn gebadet, habe seine Sachen angefasst. Und jetzt, verstehst du, bin ich auch zu schwach zum Reisen.
KOPERNIKUS: Nein.
ANNA: Wieso nicht, Mikoj? Du hättest dein kleines Privatspital hier oben. Mit zwei Patienten anstelle von einem (4). Auf diese Weise könnten wir...Auf diese Weise müsste ich keine einzige Nacht von dir fort sein!
KOPERNIKUS: Der Bischof würde das sofort durchschauen!
ANNA: Dieser Hund von einem falschen Pfaffen! Ich merke doch, wie er mich ansieht. Deswegen zwingt er dich, mich wegzuschicken. Was anderes steckt doch nicht dahinter bei dem alten Lustmolch.
KOPERNIKUS: Hat er dich angefasst?
ANNA: Ich weiß doch genau, was in ihm vorgeht. Aber wenn ich untertauche, mich einfach nicht mehr sehen lasse...
KOPERNIKUS: Lass uns die ganze Geschichte nicht noch heikler machen, als sie so und so schon ist.
ANNA: Ich sage dir, bald wirst du deinen Professor (4) wegschicken müssen. Wie lange, glaubst du, kannst du noch so tun, als ob der bewusstlos da oben liegt? Der Bischof wird dir auf die Schliche kommen. Der hat seine Spione, wie du weißt. Irgendjemand wird unweigerlich dahinter kommen, dass du keinen Fieberkranken behandelst, wenn du da oben bist. Was ist, Mikoj? Warum schaust du mich so an? Du glaubst doch wohl nicht, dass ich dich verrate? O Mikoj, mit keiner Menschenseele werd' ich darüber reden. Du weißt doch, dass ich niemals etwas tun oder sagen würde, was dir schaden könnte.
KOPERNIKUS: Ich weiß. Ich wünschte nur, das alles müsste nicht sein.

Sie umarmen sich, halten sich fest.

ANNA: Komm mit mir.

KOPERNIKUS: Was?

ANNA: Komm mit mir. Lass uns beide von hier fortgehen. Was sollst du noch länger vor ihm kriechen.

KOPERNIKUS: Glaubst du, ich könnte einfach von hier wegspazieren?

ANNA: Lauf davon. Komm mit mir und lass uns irgendwo leben, wo es keinen kümmert, dass wir zusammen sind. Lauf weg von all diesen gemeinen neugierigen alten Männern.

KOPERNIKUS: Ich soll die Kirche verlassen?

ANNA: Wir werden ein neues Leben leben. Unser eigenes Leben. Egal wo, nur nicht hier. Überleg doch, Mikoj. Du könntest dein eigenes Spital haben. Ich könnte als Hebamme mitarbeiten. Wir schaffen das schon. Du wirst sehen.

KOPERNIKUS: Ich bin zu alt, um mich noch zu verändern, Anna.

ANNA: So alt nun auch wieder nicht

KOPERNIKUS: Wir haben alle zwei von Anfang an gewusst, dass wir beide … dass wir nie ein gemeinsames Leben würden führen können.

ANNA: Du kommst nicht mit mir?

KOPERNIKUS: Ich kann nicht.

ANNA: Du kannst nicht.

KOPERNIKUS: Es tut mir leid.

ANNA: Du kannst nicht. Du! Du hast das ganze Universum umgekrem pelt und auf den Kopf gestellt. Du hast jedem Planeten seine Bahn gewiesen. Bist du noch dieser Mann, Mikoj?

Ende der Szene

---

1) Sobel Dana (2012), S. 213 – 216, s. Medienauswahl S. 206.

2) Dantiscus, Fürstbischof des Ermlands seit 1538

3) Tiedemann Giese, derzeit Bischof von Kulm, bester Freund des K, s.a. S.128ff.

4) In Dana Sobels Theaterstück wird der Mathematikprofessor Rheticus von K wider Willen vor dem (Fürst-) Bischof (Dantiscus) versteckt. Rheticus kommt aus Wittenberg, dem Umfeld Luthers, und ist als Protestant im streng katholischen Ermland offiziell nicht willkommen, entpuppt sich aber als Unterstützer der heliozentrischen Lehre und unentbehrlicher Gehilfe und Freund des K, s.a. S.128ff.

4.7 Letzte (Film-) Szenen des Wissenschaftlers und Gottsuchers K

Polnisch - deutsche Filmfiktion von 1973 (DEFA) zum 500. Geburtstag 1)

Der ‚Kopernik-Turm' in der Domburg zu Frauenburg, Ermland (Foto privat)

Ort/ Jahr (Schlussszenen des Films):
1. Szene Frauenburg, auf der Domburg/ 1539
2. Szene Ostseeküste, Frisches Haff/ ca. 1540
3. Szene Nürnberg, Druckerei/ 1542/43

Personen: Mikolaj Kopernik (1539 66 Jahre alt, abgerissene Kleidung, bleich und mager) und Joachim Rheticus (1514 bis 1574), ein junger Mathematikprofessor aus dem protestantischen Wittenberg, Schüler des Kopernik.
In der Nürnberger Druckerei: Verleger Petreius und Herausgeber Osiander

1.Szene:

Kopernik hackt im Innenhof der Burganlage Holz, als der junge Joachim Rheticus, sein zukünftiger und einziger Schüler, auftritt 2) (Die Filmszene ist wie viele andere ahistorisch. Sie führt den Domherrn Kopernik aus kommunistisch-ideologischer Sicht als leidgeprüften Mann des Volkes vor.)

Rheticus *glaubt wegen Koperniks ärmlichen Erscheinungsbilds einen Diener vor sich zu haben*
Guter Mensch, ich möchte deinen Herrn sprechen.
Kopernik
Ich habe deinen Brief bekommen, Rheticus. Ich heiße dich in meinem Hause herzlich willkommen!
Rheticus überrascht und erfreut
Ich komme aus Wittenberg!
Kopernik
Ja, ja, ich weiß!
Rheticus
Ich möchte wissen, ob deine Wahrheit mit deinem Ruf übereinstimmt.
Kopernik
Deine Worte sind sicherlich gut gemeint, Junge, aber ich habe meine Wahrheit noch nicht zu Ende gebracht, und mit dem Ruf ist das so eine Sache!
Ein Diener kommt eine hölzerne Außentreppe (am Kopernik-Turm, seine Sternwarte) *herunter.*
Kopernik
Bereite diesem Herrn ein Bad und mache ihm das Zimmer fertig!
Diener
Welches?
Kopernik *resigniert*
Das von Frau Anna. *3) Gemeint ist Anna Schillings, seine ehemalige Haushälterin und vermutlich Geliebte bis 1538, nach drei Abmahnungen des ermländischen Fürstbischofs Dantiscus wegen des Zölibats von Kopernik entlassen)*

2. Szene
Kopernik und Rheticus am Meer (Baltisches Meer/ Frisches Haff; s.o. S. 115).
Kopernik
Weißt du denn nicht, dass auf der ganzen Welt ein Streit darüber entbrannt ist, wie getreu man Gottes Schriften behandeln sollte? Sag mir die Wahrheit, dass sich in Wittenberg niemand über den Astronomen aus Frombork entrüstet, der sich entgegen den Lehrsätzen des Papstes und der Kirche über das Zeugnis der Heiligen Schrift hinwegsetzt? Sag's, schwöre es! - Du schwörst nicht!? Du kannst es nicht! 4)
Rheticus
Neue Gedanken, mein Kirchenvater, haben es immer schwer! Ich kann nur eines schwören...
Kopernik
Sprich!

Rheticus
Ich schwöre, dass ich eine tiefe Hoffnung empfinde, die Hoffnung, die Wahrheit kennenzulernen.
Kopernik
Es ist falsch, Joachim, in einem anderen Menschen die Symptome der eigenen Krankheit finden zu wollen.
Rheticus
Die Zeiten haben sich geändert, mein Herr. Die Welt enthüllt uns ihre Geheimnisse, neue Kontinente werden entdeckt, der Geist wendet sich dem Humanen zu. Der Mut und die Wahrheit sollen siegen! Das hat Luther gesagt. Ich habe Dir aber keine ketzerischen Bücher mitgebracht. *Lacht*
Kopernik
Verstehst Du nicht, dass es viel schlimmere Bücher als die ketzerischen gibt: Die Elemente des Euklid und die Trigonometrie des Regiomontanus. Es genügt nur in sie hineinzuschauen, um festzustellen, dass ich Fehler gemacht und Irrtümer begangen habe.
Rheticus
Aber…..
Kopernik
Unterbrich mich nicht! Ich muss es korrigieren, es noch einmal überprüfen, verstehst du mich? Noch einmal überprüfen!
Rheticus
Dann wirst du es eben noch einmal überprüfen!
Kopernik
Ob sich das lohnt? Ob sich das lohnt, mein Junge? Die Menschen lebten friedlich und sicher inmitten der Welt unter dem Auge des Schöpfers. Jeder von ihnen, sogar der Allerärmste, glaubte, dass direkt über seinem Kopf auf seine Seele die offenen Tore des Paradieses warten. Und jetzt schreit der arme Mensch auf: Was hast du mit meinen offenen Toren des Paradieses gemacht, du Astronom aus Frauenburg? Und ich werde schweigen. Und dann werde ich sagen: des Menschen Bestreben ist es, die Wahrheit zu finden.
Rheticus
Mein Herr, der Heilige Vater Paul III. ist dem Humanismus nicht abgeneigt. Er wird dein Werk nicht bekämpfen! 5)
Kopernik
Heute ist es Paul III., morgen wird es ein anderer sein, mein Junge! - Du hast vorhin von der Entdeckung neuer Kontinente gesprochen. Ich erinnere mich, es war im Jahre 1492, im Todesjahr des Königs Kasimir Jagiello - was ist eigentlich aus dem Christoph Kolumbus geworden? 6)
Rheticus
Er starb, er starb im Gefängnis.

3. Szene

Rheticus ist in einer Druckerei (in Nürnberg) und schaut gespannt in das frisch gedruckte Werk von Kopernik. Dabei entdeckt er Unstimmigkeiten in Titel und Vorwort.

Rheticus *entrüstet*

Was hat das zu bedeuten? Wer hat das gemacht? *Wendet sich an einen Arbeiter in der Werkstatt:* Ich frage, wer das gemacht hat, hörst du nicht?

Arbeiter

Was, mein Herr?

Rheticus

Du! *Rennt wütend in den Nebenraum, die Wohnung des Verlegers.*

Wer hat das gemacht? Das ist Betrug!

Wirft das Werk entrüstet auf den Boden.

Petreius

Halt deinen Mund und schweig!

Rheticus *spricht zu sich selbst, indem er das Buch wieder aufhebt.*

Ich werde nicht schweigen. Ich habe es ihm geschworen. *An den Verleger und einen weiteren Mann, den Herausgeber Osiander, gerichtet:*

Der Titel war ‚De Revolutionibus' und ihr habt ihn verändert. Und hier ist die Rede von Hypothesen. Er hat das nie geschrieben! *Wirft das Werk wieder wütend auf den Boden.*

Petreius

Heb es sofort auf, sonst bezahlst du mir das ganze Exemplar!

Osiander *packt ihn wütend am Kragen.*

Mein lieber Freund Joachim, du verhältst dich wie ein wild gewordenes Vieh! Kannst du mir dein Verhalten erklären? Du Dummkopf! *Stößt ihn von sich.*

Rheticus

Wie konntet ihr das nur tun? Wie konntet ihr? Er hat lange mit sich gekämpft, aber dann wandte er sich an die Welt und sagte wörtlich: Das ist die Wahrheit, die ich selbst gefunden habe! Ihr habt ihm doch Briefe geschrieben. Ihr habt ihn beraten, und dann habt ihr ihm geraten, das große Wort Wahrheit durch das kleine Wort Hypothese zu ersetzen. Was hat er denn darauf geantwortet? Was?

Osiander

Wir haben eigentlich nur zwei Wörter im Titel hinzugefügt und zwei Abschnitte im Vorwort.

Rheticus: Wozu? Warum?

Osiander

Weil der Rest sowieso alles sagt, alles, was die Welt hören sollte. Ja, ich habe dieses Vorwort geändert, aber es dämpft lediglich die Stimme dieses wundersamen Menschen

Rheticus : Und warum habt ihr das gemacht?

Osiander
In was für einer Welt lebst du, Junge? Dieser Mensch widerspricht den Worten der Heiligen Schrift. Dieses Werk spaltet den Himmel über der Stadt Rom des Papstes und über der Stadt Wittenberg Luthers. Warum verstehst du das denn nicht? Das Werk entzieht den Dienern Gottes den Platz, es bricht mit den alten mathematischen Beweisführungen. Ohne mein Vorwort hätten wir es gar nicht drucken können! Niemand hätte jemals den Mut gehabt, es zu drucken! Niemals!
Petreius: So sieht die Wahrheit aus!
Osiander
Mag sein, dass ich nicht ehrlich gehandelt habe. Aber ich weiß genau, ich schwöre es, dass ich klug vorgegangen bin. Auf unserer Welt regieren nicht die Mathematiker und Astronomen, sondern nur die Theologen! Und nur die Theologen haben es in der Hand, sie bewerten und richten!
Petreius
Ich weiß nicht, ob unsere Tat gut oder schlecht war, notwendig oder überflüssig. Ich bin nur ein Mensch!
Rheticus *zu sich selbst*
Ich hätte so gern, so gern hätte ich ihm das erste Exemplar gebracht! Und ich werde es wohl nie tun können! *Lächelt resigniert.*

Ende des Films von 1973 [1)]

*

Dichtung und/ oder Wahrheit: Wer sich mit Leben und Werk des K beschäftigt, wird feststellen müssen, dass einzig sein verschriftlichtes Lebenswerk eine solide gesicherte Grundlage für das Verständnis des Genies hergibt. Die meisten seiner Zeitgenossen haben nicht den Visionär des Jahrtausends erkannt bzw. nicht angemessen gewürdigt und nicht viel für eine sorgfältige historische Überlieferung im Detail getan. So bleiben uns heute für ein populär verständliches Lebensbild erst einmal nur Spekulationen, wie sie z. B. die drei vorausgehenden Szenen (S. 109ff.) anschaulich, aber nicht widerspruchsfrei, bedienen; vgl. a.: -> *Kapitel 5.3: Kopernikus im Salz, im Film und als ,Wende-Denkmal,* S. 137ff.

Es darf bezweifelt werden, dass *De Revolutionibus* später über die Jahrhunderte jemals allgemein intensiv gelesene Lektüre wurde – der hochwissenschaftliche Anspruch strapaziert auch den gebildeten Leser bis auf den heutigen Tag, auch noch nach der Übersetzung vom Lateinischen ins Deutsche. Die beiden Herausgeber hatten erst einmal nur mit Astronomen und Mathematikern aus Kirche und Universität als Lesern gerechnet und lt.

Titelblatt alle anderen auf Altgriechisch scheinbar vor der Lektüre gewarnt:

Ἀγεωμέτρητος οὐδεὶς εἰσίτω. (Titelblatt S. 124)

Deswegen ist der aufmerksamen Leserschaft zu empfehlen, sich bei der kopernikanischen Lektüre auf den ‚*Commentariolus*' von 1506 zu beschränken (Untertitel: ‚*Erklärungsgrundlagen der Bewegungen des Himmels*' -> Kapitel 3.2: Der Entwurf des neuen Himmels mit 33 Jahren, S. 73ff., und auf das erste der sechs Bücher aus *De Revolutionibus (1543)*. Damit erweist man dem Astronomen K den nötigen Respekt, weil man ehemals Revolutionäres aus der Feder des Genies original zur Kenntnis genommen hat, nämlich z. B. den Nachweis der dreifachen Eigenbewegung der Erde: Die Erdrotation (um die eigene Achse), die Erdrevolution (um die Sonne) und die Präzession (die kegelige Bewegung um die eigene Rotationsachse); Texte dazu s. Zekl 2006, S. 3ff und S. 82 ff.; ein rundum informatives Taschenbuch auf hohem Niveau, z. T. mit mittellateinischen Quellen und parallel gesetzten Übersetzungen ins Deutsche.

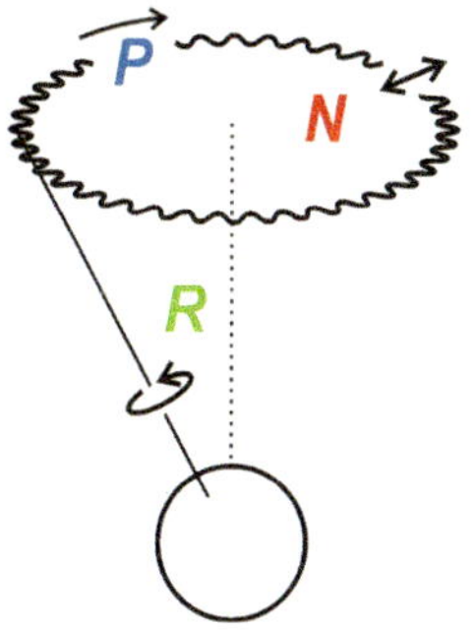

Präzession(P), Rotation(R), Nutation(N). Der Nutationseffekt, die leichte Schwankung der Richtung der Erdachse, wurde erst ca. 200 Jahre nach K nachgewiesen. Nicht im Bild: ‚Revolutio', die Drehung der Erde um die Sonne. de.wikipedia.org/wiki/

Und wie kommt es, dass die irdischen Körper auf unserem rotierenden Planeten bleiben und nicht davon fliegen? Das haben sich schon die Zeitgenossen im 16. Jahrhundert gefragt und über K belustigt. Die Erde dreht sich doch am Äquator im rasenden Dauertempo mit 1674 km/h um sich selbst und mit 107.000 km/h um die Sonne, wie man heute weiß! Wir werden aber nicht schwindlig, und alles bleibt unbewegt an seinem Platz! Auf dieses Problem hatte K noch keine Antwort. Er hat festgestellt, dass sich die Planeten auf Kreisbahnen um die Sonne bewegen, Johannes Kepler sagt uns genauer wie (in Ellipsen) und Isaac Newton, warum sie das tun (wegen der Gravitation). Der heutige Leser könnte mehr wissen, z.B. warum nichts davonfliegt. -> Kapitel 5.1: Giganten auf den Schultern von Giganten, S. 128ff.

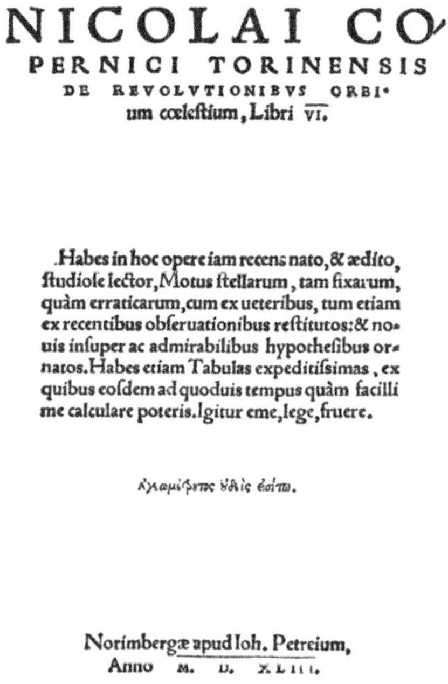

NICOLAI CO-
PERNICI TORINENSIS
DE REVOLVTIONIBVS ORBI-
um cœlestium, Libri VI.

Habes in hoc opere iam recens nato, & ædito, studiose lector, Motus stellarum, tam fixarum, quàm erraticarum, cum ex ueteribus, tum etiam ex recentibus obseruationibus restitutos: & nouis insuper ac admirabilibus hypothesibus ornatos. Habes etiam Tabulas expeditissimas, ex quibus eosdem ad quoduis tempus quàm facillime calculare poteris. Igitur eme, lege, fruere.

Ἀγεωμέτρητος οὐδεὶς εἰσίτω.

Norimbergæ apud Ioh. Petreium,
Anno M. D. XLIII.

Titelblatt ‚De Revolutionibus orbium coelestium, Nürnberg 1543, Erstausgabe.
Zentrale Warnung auf Altgriechisch: Ἀγεωμέτρητος οὐδείς εἰσίτω. s. S. 125

Nur der Kurztitel ‚De Revolutionibus' ist von K autorisiert. Ebenso dürfte er mit dem lateinischen ‚Klappentext' zu Werbungszwecken (Igitur eme, lege, fruere - Also nimm, lies, genieße!) und dem Vorwort des Herausgebers Osiander und des Verlegers Petreius in Nürnberg nicht einverstanden gewesen sein, die das neue Weltbild spekulativ als Hypothese anbieten, um sich nicht angreifbar zu machen und den Umsatz nicht zu gefährden.

Gegen die Unterstellung, Spekulationen zur Grundlage seines wissenschaftlichen Werkes gemacht zu haben, hat sich später auch Isaac Newton (um 1700) ausdrücklich verwahrt: ‚Hypotheses non fingo!' Das könnte so auch K gesagt haben: keine Spekulation als Grundlage der Wissenschaft! Richtig ist aber auch: Der Astronom Friedrich Wilhelm Bessel bestätigt erst 1837 experimentell das Kopernikanische Modell.
-> Kapitel 8.7 1837: Nach 300 Jahren der heliozentrische Beweis, S. 185.

Freie Übersetzung des ‚Klappentextes'/ Deckblatts von 1543:
„Du hältst mit diesem schon letztlich entstandenen und jetzt herausgegebenen Werk, eifrig bemühter Leser, die Bewegungen der Sterne in den Händen, sowohl der Fixsterne als auch der Planeten, die einerseits aus alten, andererseits

auch besonders aus jüngsten Beobachtungsdaten stammen und darüber hinaus mit neuen und bewundernswerten Hypothesen ausgeschmückt worden sind. Du erhältst hier auch sorgfältigst erstellte Tabellen, aus denen du die Sterne und ihre Bewegungen zu jeder beliebigen Zeit ganz leicht bestimmen kannst. Also greif zu, lies, genieße!" 4)

„Ἀγεωμέτρητος οὐδείς εἰσίτω."

„Keiner ohne Ahnung von Mathematik soll hier eintreten!"

Die altgriechisch geschriebene Warnung auf dem Titelblatt Ἀγεωμέτρητος οὐδείς εἰσίτω. soll über dem Eingang von Platons Akademie (4. Jh. v. Chr.) gestanden haben und auf den rätselhaften Philosophen und Pionier der Mathematik Pythagoras (6. Jh. v. Chr.) zurückgehen, der wie auch seine Jünger in der späteren Schule der Pythagoräer die Wissenschaft als Selbstzweck verstanden wissen wollte – mit dem Hang zur Geheimbündelei unter Eingeweihten.

Die abschließende Kaufaufforderung *Igitur eme, lege, fruere. (Also greif zu, lies und genieße!)* steht im dialektisch- ironischen Kontrast zur pythagoräischen Warnung auf Griechisch: Eintritt verboten.- Die drei lateinischen Imperative enthalten wohl eine Anspielung auf den Kirchenvater Augustinus von Hippo (4. Jh.), der am 15. August 386 sein legendäres Bekehrungserlebnis hatte; er glaubte eine Kinderstimme zu hören, die ihn aufforderte ‚nimm und lies!', nämlich das Neue Testament, aufdass er sein Heidentum überwinde.- Der Islam geht seit 1400 Jahren ähnlich missionarisch befehlend vor: Quran/ „Koran" im Titel (arabisch) heißt auffordernd das „oft zu Lesende" (Buch); er soll das Wort Allahs enthalten, die Heilige Schrift der Muslime, und bedeutet für die islamische Welt so viel wie das Alte Testament für Juden oder das Neue zusätzlich für Christen. Die religiös- missionarische Tradition ist auch in der Verfahrensweise seit der Antike ersichtlich, z.B. der Titelbegriff (Altes bzw. Neues) ‚Testament' hebräischen, griechischen und dann lateinischen Ursprungs: Anordnung, Verfügung – der Glaube in der Buchreligion als bevormundende Dienstverpflichtung zum (vor-) gelesenen Wort.

Die erste Auflage von ‚De Revolutionibus' in Nürnberg (1543) ging über 1000 Exemplare, weitere Drucke folgten in Basel (1566), Kassel (1587) und in Amsterdam (1617). Universitätsstädte wie Tübingen und Paris lehnten erst einmal ab.

---

1) Aus: „Kopernik", Schlussszenen des Spielfilms, PL/ DDR (DEFA) 1973; Regie Czeslaw und Ewa Petelski. - Mitschrift des Films, Übersetzung aus dem Polnischen, Skript von Monika Krebs, Warendorf 2007 (privat)

2) Die Szene ist ahistorisch. Sie soll den Domherrn kommunistisch-ideologisch als einfachen Mann des Volkes vorführen, ein propagandistisches Beispiel für die Kunstausrichtung des ‚Sozialistischen Realismus' der ehemaligen Ostblockstaaten der Sowjetunion (1917 – 1991/ Volksrepublik Polen 1945 -1989).

3) Gemeint ist Anna Schillings, seine ehemalige Haushälterin und vermutlich Geliebte bis 1538, nach drei Abmahnungen des ermländischen Fürstbischofs Dantiscus wegen des Zölibats von Kopernik entlassen.
4) Luther hatte K 1538 in seinen Wittenbergern Tischgesprächen einen Narren genannt.
3) K als tragischer Held der Wissenschaft in frühkapitalistischer Zeit. Dieses ahistorische Bild malt die kommunistische Ideologie des Films. K war als Domherr tatkräftiges Mitglied einer hierarchisch-ständischen Gesellschaft. Seine Karriere, auch astronomisch, konnte er nur als protegierter Diakon der katholischen Kirche machen. Ihm standen als Mitglied des leitenden (Dom-) Klerus bis zum Lebensende eine Reisekutsche und zwei Diener zu.
4) Verzeichnis der 27 Himmelsbeobachtungen des K, welche er in „De Revolutionibus" verwendet." -> Kapitel 8.3: Astronomische Beobachtungen des K, S. 180
5) Farnese, Papst 1534 bis 1549
6) Jagiello: 1427 bis 1492, Kasimir II., König von Polen ab 1447 – Kolumbus: 1441 bis 1506, Seefahrer, Wiederentdecker Amerikas 1492

"Igitur eme, lege, frue!"

... ist auf dem Titelblatt von De revolutionibus (1543) zu lesen: Werbung für eine Pflichtlektüre! Dazu s.o. S. 124. Aber auch einen gebildeten Laien überfordert das Verständnis des Gesamtwerks des K bis heute, selbst auf gut Deutsch. Deswegen lese man gern Hans- Günther Zekl, der K im preiswerten Taschenbuch in wichtigen Auszügen lateinisch- deutsch präsentiert und fundiert kommentiert (Zekl 2006)!

Das Leben nach dem Tode: 1543 bis heute

5. Astronomischer Nachruhm

Karrierestart mit über 100 Jahren

5.1 Giganten auf den Schultern von Giganten

Die ersten drei und die vier folgenden großen Kopernikaner

Die ersten drei Kopernikaner Giese, Rheticus und Bruno

Georg Joachim Iserin, genannt *Rheticus*, aus Feldkirch in der Alpenregion Vorarlberg/ Rätien, war seit 1539 guter Freund und einziger Schüler des K. Wissbegierig und vielseitig gebildet wie die Humanisten seiner Zeit hat er sich um K wissenschaftsgeschichtlich unschätzbare Dienste erworben, ohne selbst mit eigener kreativer Leistung in die große Geschichte eingegangen zu sein (Biografie s. Danielson 2006). Als einer der ersten Kopernikaner kam er 1533 19jährig mit Tatendrang und Wissensdurst den weiten Weg aus den Alpen ins protestantische Wittenberg und latinisierte in humanistischer Tradition seinen Namen in *Rheticus*, weil er aus Rätien, der ehemals römischen Provinz, stammte. Einer der führenden deutschen Humanisten *Philipp Melanchthon*, erster Griechisch-Professor der Wittenberger Universität, riet ihm zum Studium der Mathematik, und schon 1536 war der junge Mann nach sechs Semestern zum Professor für Arithmetik und Geometrie ernannt. Luther hatte hier 1517 seine kämpferischen kirchenkritischen 95 Thesen angeblich an die Schlosskirchentür geschlagen und war auch deswegen 1521 lebensgefährlich in Kirchenbann und Reichsacht geraten, vogelfrei also. Melanchthon, Luthers gelehrter Freund und Weggefährte, stellte dem Reformator seinen Schützling vor; denkbar auch, dass der junge Mathematiker bei Luther und seiner Frau Katharina von Bora, ehemals Dominikaner-Nonne, als Zuhörer bei dessen monologischen Tischgesprächen unter den Mittagsgästen saß, die Frau Luther als zahlende Gäste versorgte.

Dass der Professor Luther den K wegen der sonnenzentrierten Lehre einen *Narren* genannt und dass auch Professor Melanchthon an dessen Verstand gezweifelt hatte, dürfte Rheticus aus deren eigenem Mund gehört haben. Das hinderte ihn nicht daran, sich von Wittenberg aus etliche Tagereisen auf den Weg nach Frauenburg zu machen. Die vom sächsischen Kurfürsten Friedrich III. dem Weisen 1502 gegründete Universität war weltoffen, allerdings im katholischen Wortlaut des Ermländer Fürstbischofs Dantiscus (seit 1538) eine *Brutstätte des Teufels.* Luther lehrte hier unter dem Schutz des Kurfürsten als Theologieprofessor die Bibelauslegung. Die protestantischen Schriften waren in der Domburg Frauenburg an der Ostsee, im Fürstbistum Ermland, bei Strafe verboten. Das Wortgewitter zwischen Universität und Bischofssitz hatte den 25jährigen wissbegierigen Mathematikprofessor offensichtlich nicht weiter verschreckt, als er, auf Antrag in Wittenberg beurlaubt, bei seinem neuen Lehrmeister vier Jahre vor dessen Tod in Frauenburg eintraf. *(-> Kapitel 4.7: Letzte Szenen des Wissenschaftlers und Gottsuchers, S. 118)*

K und sein ermländischer bester Freund Tiedemann Giese, Bischof von Kulm und später selbst Fürstbischof des Ermlands, nahmen den jungen Protestanten vorurteilslos auf und hatten damit einen Glücksgriff getan, denn Rheticus studierte und redigierte die Handschriften zu *De Revolutionibus* als Erster Wort für Wort, publizierte eine Zusammenfassung der kopernikanischen Lehre in der *Narratio prima* (*Erster Bericht über das kopernikanische Weltbild, 1540*), veröffentlichte auch drei trigonometrische Kapitel aus dem ersten Buch (1542) und ebnete so trotz des Zögerns seines väterlichen Freundes den Weg für den Druck des Hauptwerks *De Revolutionibus* 1543. Sein Dienst für den Fortgang der Wissenschaftsgeschichte ist damit unschätzbar, sein Leben allerdings verliert sich in verschiedenen Stationen, zuletzt als Arzt in Krakau; hier war er nun von der Lehre des großen zeitgenössischen Arztes Paracelsus begeistert. Rheticus hatte in der *Narratio prima* den K *Lehrer* und *Vater* genannt und dessen Werk als *göttliche Eingebung* erklärt, womit er dem Selbstverständnis seines Meisters ziemlich nahe kam. K hat allerdings seinem Schüler keine Zeile gewidmet, warum auch immer. Rheticus war zwischenzeitlich auch mal Professor in Leipzig, musste die Universität aber aus fragwürdigen, nicht näher detailliert überlieferten Gründen fluchtartig verlassen.

Giordano Bruno (1548 bis 1600), der erste konsequent in öffentlichen Predigten bekennende *Kopernikaner*, wurde 1600 in Rom auf dem Scheiterhaufen verbrannt. Der italienische Naturphilosoph, auch Priester und Dichter, nahm wie *K* die Unermesslichkeit des Weltraumes an und sah höchst ahnungsvoll und weitsichtig das Sonnensystem als eines von vielen. Darüber hinaus spekulierte er wiederum, wie mancher heute, über intelligentes Leben in der Tiefe des Alls, u. U. intelligenter als das irdische Menschengeschlecht.

Vor 400 Jahren bedeutete das wegen Ketzerei gegenüber der biblischen Schöpfungsgeschichte den Tod. Und: Jesus galt ihm nicht als Gottessohn.

Galileo Galilei im Jahre 1636

Johannes Kepler im Jahre 1610

Dem Ketzertod sah wenige Jahre später auch ein weiterer italienischer bekennender Kopernikaner *Galileo Galilei* (1564 bis 1642; Philosoph, Mathematiker, Physiker, Astronom) ins Auge. Über 100 Jahre waren nach dem astronomischen *Ma*nifest von 1506 des Kopernikus vergangen. -> *Kapitel 3.2: Der Entwurf des neuen Himmels mit 33 Jahren, S. 73ff.*.

Mit dem aufs Neue erfundenen Fernrohr hatte Galilei 1610 bei der Planetenbeobachtung u. a. der Venus Nachweise für das neue Weltbild entdeckt; der heliozentrische Siegeszug konnte somit verspätet (trotz kirchlicher Repressalien gegen ihn) beginnen. Galilei schwor allerdings erst einmal ab und beugte sich dem kirchlichen Diktat, das ab 1616 das Verbot der kopernikanischen Lehre durchzusetzen versuchte: *De Revolutionibus (1543)* wurde auf den sog. *Index* der kirchlich verbotenen Bücher gesetzt und durfte über 219 Jahre stellenweise nur geschwärzt gelesen und gelehrt werden. Das konsequente Bekenntnis zur neuen Lehre wäre für Galilei tödlich gewesen.

Fern vom römischen Papst hatte Johannes Kepler (1571 bis 1630; Theologe, Mathematiker, Physiker, Astronom) im Herzen Mitteleuropas die Inquisition des Vatikans nicht zu fürchten. Dafür sorgte zeitweilig auch seine Stellung als Mathematiker und Hausastrologe des Kaisers Rudolphs II. in Prag. Ihn plagten allerdings lebenslang beengte finanzielle Verhältnisse, familiäre Sorgen und seine eigene schwächliche Gesundheit. Kepler musste, obwohl Zeitgenosse des Galilei und mit diesem auch in wissenschaftlichem Briefwechsel, kirchlichem Druck nicht standhalten bzw. nachgeben.

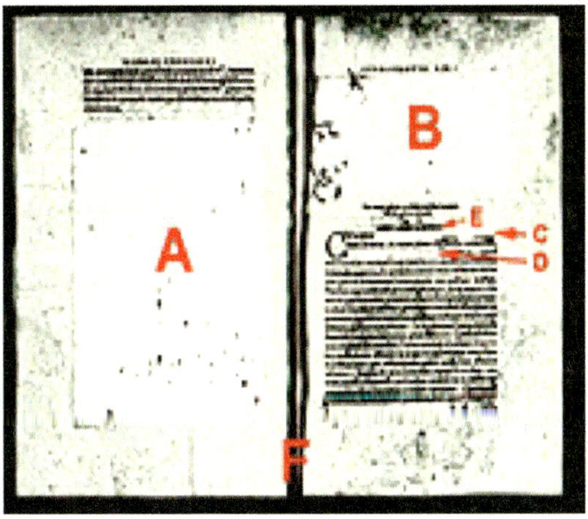

Eine durch Schwärzung und Abdeckung zensierte spätere Ausgabe von ‚De Revolutionibus' (1543)

Keplers Bekenntnis zum großen Vorbild K ist begeistert und klar. Er wäre, wie er sagt, schon stolz, der Pförtner einer Kirche zu sein, in der K am Altar die Messe liest. Im Überschwang übersieht er, dass sein großes Vorbild nur die niederen Weihen zum Diakon erhalten hat, mit denen er zwar Domherr, aber kein praktizierender Priester ist. Von Kepler stammt das erste Lehrbuch des heliozentrischen Weltbildes. Es trägt den Namen seines astronomischen Vorbilds K im Titel: „Epitomes Astronomiae Copernicae" (s.u.).

Die berühmten drei Keplerschen Planeten-Gesetze, von 1605 bis 1618 entwickelt, machen aus den kopernikanischen Kreisbahnen um die Sonne Ellipsen und ermöglichen präzise Bestimmungen zu Tempo und Verlauf ihrer Bewegungen. Die genialen Gesetze gelten für alle beweglichen Objekte im bekannten Weltraum.

Epitomes
ASTRONOMIÆ
COPERNI-
CANÆ
Vsitatâ formâ Quæstionum & Responsionum conscripta,
LIBRI V. VI. VII.
Quibus propriè
DOCTRINA THEORICA
(post principia libro IV. præmissa)
comprehenditur.
AVTHORE
IOANNE KEPLERO.
Cum privilegio Cæsareo ad Annos XV.
FRANCOFVRTI,
Sumptibus Godefridi Tampachij.
ANNO M. DC. XXI.

Links: Das Standardwerk von 1621 „Epitomes Astronomiae Copernicae" („Abriss der kopernikanischen Astronomie") fasst Keplers Entdeckungen in einem Band zusammen und ist schon im Titel dem großen Astronom K gewidmet. Rechts: Sondermarke zu den Keplerschen Gesetzen 2009

Das dritte Keplersche Gesetz berechnet die Entfernung eines Planeten von der Sonne im Verhältnis zu seiner Umlaufzeit: Die Quadrate der Umlaufzeiten zweier Planeten verhalten sich wie die Kuben ihrer großen Bahnhalbachsen. Es ist eine der monumentalen mathematischen Formeln in der Geschichte der exakten Wissenschaften und in eine Reihe mit dem klassischen Satz des Pythagoras (Philosoph, Mathematiker; 6. Jh. v. Chr.) über das Seitenverhältnis des rechtwinkligen Dreiecks $a^2+b^2=c^2$ und der Einsteinschen Formel über die Äquivalenz von Masse und Energie $E= mc^2$ zu stellen.

Isaac Newton 1702

Albert Einstein 1921

Es ist dieses (dritte Planeten-) Gesetz Keplers, das Isaac Newton rund sechzig Jahre später zur Entwicklung seines Gravitationsgesetzes anregen sollte (Hawking 2004, S. 531). Newton (1643 bis 1727; Physiker, Mathematiker, Astronom, Alchimist, Philosoph und auch Verwaltungsbeamter) weiß, was er seinen wissenschaftlichen Vorgängern verdankt. Sein berühmtes Zitat der Wissenschaftsgeschichte zeigt persönlichen Stolz und Traditionsbewusstsein zugleich: „Wenn ich weiter gesehen habe, dann deshalb, weil ich auf den Schultern von Riesen stand." In vergleichbarer Selbsteinschätzung sieht K seine eigene Leistung im Verhältnis zu den Erkenntnissen des führenden Astronomen der Antike Ptolemäus (1. Jahrhundert n. Chr.), dessen geozentrisches System er allerdings umstürzt. Dass mit Newtons Lobspruch die Wissenschaftler und Entdecker K, Galilei und Kepler verstanden werden sollen, steht außer Frage. In den Formulierungen zur Gravitationskraft und in der Definition der Bewegungsgesetze in seinem Hauptwerk Philosophiae Naturalis Principia Mathematica (1686; ‚Die mathematischen Prinzipien der Physik') zeigt Newton sein physikalisches Genie. Dieses Werk verbindet die Forschungsbeiträge von K, Galilei und Kepler und schafft die physikalisch-wissenschaftliche Grundlage des neuen Weltbildes.

Der fünfte Klassiker in der Reihe der neuzeitlichen Physiker seit 1500 ist Albert Einstein (1879 bis 1955; theoretischer Physiker). Stephen Hawking (1942-2018), Astrophysiker mit dem Forschungsschwerpunkt der sog. Schwarzen Löcher, gibt 2002 seinem über 1000seitigen Quellenwerk über diese Gelehrtengruppe als Titel das Zitat Issak Newtons: „On the Shoulders of Giants. The great Works of Physic and Astronomy“. Einstein folgt auf Newton, so Hawking: Was Newton für unser Verständnis der Gravitation geleistet hatte, tat Einstein für unsere Vorstellung von Zeit und Raum (Hawking 2004, S. 962). Newton hatte konstatiert, Raum und Zeit seien feste Größen und die Zeit fließe gleichmäßig dahin, doch Einstein wies mit der allgemeinen Relativitätstheorie von 1915 nach, dass nicht nur Massen auf andere Massen, z. B. Zentralgestirne auf Planeten, einwirken, sondern auch auf das Gefüge von Zeit und Raum, die durch Masse und Energie geformt werden. Am 29. März 1919 wird während einer Sonnenfinsternis die Krümmung des Lichtstrahls von sonnennahen Sternen durch die Sonne nachgewiesen. Einstein widerlegte Newton, konnte dies aber nur auf der Grundlage dessen wissenschaftlicher (Vor-) Arbeit leisten: persönliche Kopernikanische Wenden unter den Giganten selbst.

Einsteins Maxime

Einstein belehrt uns: *Die Wahrheit einer Theorie liegt in unserem Verstand, nicht in unseren Augen*, d.h.: seine physikalische Theorie von dem durch die Masse gekrümmten Lichtstrahl stimmt auch ohne den späteren augenscheinlichen Beweis durch die Sonnenfinsternis von 1919. Das gleiche ließe sich über seine Theorie von den Gravitationswellen sagen, die es auch dann gibt, „wenn die Relativitätstheorie falsch sein sollte.“ (Kip Thorne, Gravitationsphysiker, Nobelpreisträger 2017 in: Der Spiegel 41/ 2017, S.139)

Die Maxime K‘ entspricht dem Grundgedanken Einsteins: *Die Sinneswahrnehmung bedarf der Überprüfung, wenn sie als Erkenntnis dienen soll*; d.h.: ein Beweis hat letztlich nur so lange Gültigkeit, wie er nicht widerlegt wird, ob theoretisch oder experimentell. Seit dem späten 19. Jahrhundert gilt dieser Falsifikationismus als wissenschaftliche Selbstverständlichkeit. Spätere Widerlegung schloss allerdings auch Einstein für seine epochalen Forschungsergebnisse nicht aus.

K und Einstein: jeder von beiden hat auf seine Weise für ein revolutionär neues Weltbild gesorgt. Der eine begründet das mechanistische heliozentrische System, das Galilei, Kepler und Newton weiterentwickeln und das konsequenterweise den Menschen auf den Weg zu einer dezentralen Existenz im Universum bringt, und Einstein, der andere, konstatiert ein Universum ohne feste Fügung. Die zweite Erkenntnis setzt die erste, das Kopernikanische Prinzip, voraus.

Zwei Bekenntnisse von Einstein - ganz im Sinne von K:
„Das Schönste, was wir erleben können, ist das Geheimnisvolle. Es ist das Grundgefühl, das an der Wiege von wahrer Wissenschaft und Kunst steht. Wer es nicht kennt und sich nicht mehr wundern, nicht mehr staunen kann, der ist sozusagen tot und sein Auge ist erloschen."
„Wissenschaft ohne Religion ist lahm, Religion ohne Wissenschaft ist blind."

5.2 Die kopernikanische und sonstige „Kränkungen"

Haben K, Darwin und Freud der Menschheit etwas angetan?

Erst dreht sich der Himmel nicht mehr um die zentrale Erde und damit um den Menschen, und dann ist auch noch der Mensch nicht mehr die Krone der Schöpfung, weil als Primat den Affen ziemlich nahe stehend: zwei naturwissenschaftliche Erkenntnisse gegen den Wortlaut der Bibel, die eine aus dem 16. und die andere aus dem 19. Jahrhundert, zerstören bequeme Gewissheiten und markieren weiterhin ‚Neuzeit'. Die Frage ist: Waren sie auch *Kränkungen* für die Menschheit? Eine rein naturwissenschaftliche Vermessung und Erklärung des Himmels ohne Gott hatte K nicht gewollt, aber dem Menschen die bisherige Sonderstellung als Gottes einziges Ebenbild nehmen zu müssen, war des Evolutionsbiologen *Charles Darwin* erklärte Absicht.

„Der Darwin-Affe" in einer Karikatur, „Hornet Magazine" 1871. (1.bp.blogspot.com)

Der katholische Diakon *K* (1495 geweiht) stellt auf der Grundlage der platonischen Ideenlehre die Vernunft *(ratio)* in den Dienst des Glaubens und der Kosmologie; er tauscht überzeugend zu Beginn des 16. Jahrhunderts die bislang zentrale Erde (mit dem Mond als Trabant) gegen die Sonne auf dem fünften Kreis des damals bekannten Kosmos; auf dem sechsten bis achten Kreis die Planeten Mars, Jupiter und Saturn. Die Astronomie, Mathematik in höchster Vollendung, schafft also absolute Wahrheit und ist der wissenschaftliche Weg zum *sichtbaren Gott*, dem Sternenhimmel. (-> *Kapitel 4.4: NK, De Revolutionibus, Bd. I, Einleitung (1543).S. 108ff.; Zekl, S.81)*

Der ehemals anglikanische Kaplan *Darwin* (1831 noch zum Theologen examiniert) stellt als Biologe klar, dass der Mensch ein Produkt der Evolution ist wie alle anderen Arten und keine eigenständige Schöpfung (*Die Entstehung der Arten, 1859*).

K und *Darwin* widerlegen die biblische Schöpfungsgeschichte; der erste wird deswegen von Martin Luther zum *Narren* abgestempelt (*Tischgespräche, 1539)* und verzögert wegen wissenschaftlicher Selbstzweifel die Herausgabe seines Hauptwerks, der zweite zögert auch und fürchtet nach der Veröffentlichung seiner Studien als *Kaplan des Teufels* beschimpft zu werden *(Brief von 1854; Darwin – Kaplan des Teufels? Film 2009)*. Darwin sieht sich selbst als Agnostiker, für den die Existenz oder Nichtexistenz einer höheren Instanz, z. B. Gottes, ungeklärt oder nicht klärbar ist.

Nach Meinung des Begründers der Psychoanalyse *Sigmund Freud* ist durch die heliozentrische Weltsicht des *K* und durch die Evolutionsbiologie *Darwins* die *Eigenliebe der Menschheit zweifach* gekränkt worden (*Eine Schwierigkeit der Psychoanalyse, 1917)*. Wie er zu wissen glaubt, ist seine Wissenschaft der Psychologie für eine dritte Kränkung verantwortlich; seine These: Das menschliche Denken werde von Trieben, von unbewussten Einflüssen gesteuert. Das Ich sei *nicht Herr im eigenen Haus*. Damit wird die Dominanz menschlicher Vernunft zusätzlich infrage gestellt und der Mensch als *Krone der Schöpfung* überhaupt (vgl. im Gegensatz dazu: *König David, Altes Testament, Psalm 8,6:* Die Würde des Menschen als Ausdruck der Herrlichkeit Gottes). Der britische Biologe Thomas Henry Huxley, ein Freund von Charles Darwin, war im 19. Jahrhundert Namensgeber und Hauptvertreter des Agnostizismus (lat./ altgriech.: ohne Wissen bzw. Erkenntnis).

Sigmund Freud: Menschliches Denken ist von Trieben und vom Unbewussten gesteuert. www.popartuk.com

Haben die Zeitgenossen von K oder Darwin deren Erkenntnisse tatsächlich als Kränkung empfunden? Oder: die Zeitgenossen von Sigmund Freud dessen These, oder: wir später diese und weitere behauptete Kränkungen? - Von Kränkungen im Sinne einer bewussten, krank machenden Auseinandersetzung kann nicht die Rede sein. Der menschliche Alltag geht seit eh und je auch ohne epochemachende Visionen und Korrekturen von wissenschaftlichen Rebellen und Revolutionären seinen gewohnten irdisch existenziellen Gang. Die Herausforderungen der neuzeitlichen Wissenschaftsentwürfe hatten allerdings Antworten und neue Herausforderungen zur Folge und haben machtvolle langfristige Wirkung gezeigt, wie z. B. die Wissenschaftsentwicklung von K bis Einstein eindrucksvoll belegt.

K und auch Darwin, die ehemals vermeintlichen Ketzer, finden schließlich doch in Gotteshäusern eine offizielle letzte Ruhestätte, der erste im Frauenburger Dom (nach Identifizierung seiner menschlichen Überreste endgültig am 22. Mai 2010), der zweite in der anglikanischen Westminster Abbey, London (1882). Von Gotteslästerung war jeweils nur zu Beginn der verkündeten revolutionären Erkenntnisse die Rede.

Freud starb nach der Flucht vor dem Nationalsozialismus in Deutschland 1939 im Londoner Exil nach schwerer Krankheit durch Suizid und wurde auf dem Urnenfriedhof von Golders Green beigesetzt.

Charles Darwin
** 1809 - † 19. April 1882*

Sigmund Freud
**1856 - † 1939*

5.3 Koperni*kus* im Salz, im Film und als ‚Wende–Denkmal'

Populäre Würdigungsversuche des Jahrtausendgenies

K im Salz: „Szczesc Boze!" Mit diesem traditionellen Bergmannsgruß (ähnlich: Grüß Gott!) wird der Student K im Jahre 1493 untertage die Arbeiter des Salzbergwerks Wieliczka in der Nähe von Krakau bei einem Besuch begrüßt haben. Ausflüge in die Umgebung gehörten zum studentischen Programm. Er war wie sein Bruder Andreas ab 1491 Student an der Krakauer Akademie (der späteren Jagellonen – Universität) und hatte sie drei Jahre später ohne Abschluss verlassen.

Zum 500. Geburtstag 1973 wird ihm unter Tage im Salz eine eigene dunkel- mystische Kammer zum Gedächtnis gewidmet, die erste Aushöhlung des stillgelegten Bergwerks, wenn man die Holzstufen in diese unterirdische Touristenattraktion herabsteigt. Im Zentrum der Kammer steht sein *Denkmal aus Salz* in natürlicher Größe; schließlich hatte er das Tor zum Universum der Neuzeit geöffnet. *(-> Kapitel 3.2.: Entwurf eines neuen Himmels mit 33 Jahren, S. 73ff.*

Im Zentrum einer Kammer des Salzbergwerks Wieliczka wurde ein Denkmal aufgestellt, das dem Gelehrten Mikolaj Kopernik zur Feier seines 500. Geburtstages gewidmet wurde. Władysław Hapek formte aus diesem Anlass 1973 das Monument aus einem Salzblock.

In der zweiten Hälfte des 18. Jahrhunderts war in diesem Abbauraum die Mineralgewinnung eingestellt worden. Neben diversen Schächten und Gängen gibt es auf verschiedenen Ebenen 20 Kammern und Kapellen für die Andacht und zur inneren Einkehr. Fast eine Million Touristen besuchen jährlich u. a. K in dieser seit ihren allerersten Anfängen bald tausendjährigen Anlage, die 1978 von der UNESCO zum Weltkulturerbe erklärt worden ist. Mittlerweile ist auch die touristisch zweitwichtigste Symbolfigur aus Polen, Papst Johannes Paul II. († 2005), aus einem Salzblock geformt worden; mit Hilfe des Russen Michal Gorbatschow, sowjetischer Generalsekretär und Präsident (1985–1991), hatte Karol Woytila, der Papst Jan Pawel II., auf seine Art die Welt bewegt, das Tor zum Ostblock geöffnet und damit aus nationalpolnischer Sicht den Niedergang des Sowjetreiches eingeläutet. Eine eigene Kammer stand den Russen nicht mehr zur Verfügung.

K im Film: Zum 500. Geburtstag bekam K in der Volksrepublik Polen (1945 bis 1989) auch seinen eigenen *Film*, Titel *Kopernik,* der als deutsch-polnische Gemeinschaftsproduktion von der DEFA (Deutsche Filmanstalt) aus dem ‚Bruderstaat' der Deutschen Demokratischen Republik (1949 bis 1989) mitfinanziert worden ist. Erstaufführung 16.2.1973 in (Ost-) Berlin, ehem. DDR.

Links: Andrzej Kopiczynski spielt die Rolle des K im Film „Kopernik", 1973

Rechts: Nikolaus Kopernikus, 1473-1543; Ölgemälde um 1580

Der Film erhielt auf den Moskauer Filmfestspielen der UdSSR von 1973 (Union der Sozialistischen Sowjetrepubliken, 1922 - 1991) eine Silbermedaille, wohl auch weil er als Dokument der kommunistischen Kunstrichtung des ‚Sozialistischen Realismus' nicht nur historisch, sondern auch aktuell politisch tendenziös lehrreich daherkommt und durchaus unterhaltsame und emotionale Bilder liefert. Laut Drehbuch und Regie des Ehepaars Petelsci wird K vom Kardinal Hipolit d'Este wegen seiner heliozentrischen Himmelslehre mit der Folter durch die Inquisition bedroht. Der Darsteller Andrzej Kopiczynski ähnelt fantastisch alten Bildern von K. -> Kapitel 2.4: Ein Selbstbildnis als Malvorlage? S. 61; dialogische Filmszenen „Kopernik" s. -> Kapitel 4.5: Anna liebt Nikolaus, S. 111ff. und -> Kapitel 4.7: Letzte Szenen des Wissenschaftlers und Gottsuchers K, S. 118ff.

Die katholische Kirche gilt aus atheistisch- kommunistischer Sicht nicht erst 1973 als ideologische Konkurrenz und Bremse des gesellschaftlichen Fortschritts. Von inquisitorischer Folter kann allerdings erst einmal keine Rede sein. Das Gegenteil ist für K zu Beginn des 16. Jahrhunderts noch historisch korrekt nachzuweisen. - s. Eingangskapitel -> Kopernikus (K) - kurz und korrekt, S. 11ff.

Gleich zu Beginn des Films wird der Zuschauer mit einer Liebesszene überrascht. Nach einem verbalen Flirt und Zitaten aus dem ‚Hohen Lied der Liebe des jüdischen Königs Salomon' (Altes Testament) pustet (die historisch nachgewiesene Haushälterin) Anna Schillings eine der beiden Kerzen aus, während Nikolaus die andere energisch mit der flachen Hand löscht und so mit ihr zusammen im Film für prüdes Liebesdunkel sorgt - im Film sowohl zu Beginn des 16. Jahrhunderts als auch im Übertrag in den polnischen 70er Jahren des 20. Jahrhunderts. Im Film der Kunstrichtung des historischen ‚Sozialistischen Realismus' wird gleich zum Auftakt dem Zuschauer mit Anna Schillings eine junge Vertreterin der Arbeiterklasse als emotionale Identifikationsfigur angeboten – ihr Vater ist Goldschmied. Historisch muss 1538 nach drei durch Quellen belegte bischöfliche Abmahnungen der hin und her gerissene 65jährige Domherr die Haushälterin aus dem Arbeits- (und Liebes-) verhältnis entlassen. Der Blick in die Sterne als Gottesdienst hat auch für ihn selbst, Diakon und Domherr, letztlich Vorrang vor der großen Liebe. -> Kapitel 4.6: K trennt sich von Anna, S. 115ff.

Plakat zum polnisch- sozialistischen Film ‚Kopernik' (1973): K und nicht der liebe Gott blickt höchst sorgenvoll durch die Wolkenberge auf die Erde bzw. ihre Zukunft.

Nur mit Glück stößt man auf das Video vom Film und auf ein Plakat dazu in einem Warschauer Antiquariat. Eine intensive Recherche im Internet und in Filmarchiven hat nicht mit Erfolg zum Film und zu seinen Schöpfern geführt (Im Warschauer Antiquariat fand sich ein Video). - Damit hat man K als gebrochenen Held im Film von 1973 erst einmal aus den Augen verloren. Ein Regisseur für eine neue Filmfassung „Kopernik" wird im neuen Jahrtausend gesucht! Vorbildlich: Eric Till als Regisseur, der mit Ralph Viennes als Luther 2003 den Film „Luther" historisch nachvollziehbar und publikumswirksam gedreht hat. K wäre als Filmfigur mindestens genauso unterhaltsam wie bedeutsam.

K als Wende– Denkmal: Im Jahre 1913 beschloss der Rat der Stadt Allenstein die Errichtung eines Denkmals für K. Offiziell hieß es, der deutsche Kaiser Wilhelm II., König von Preußen (*1859 - †1941) schlage dies vor und stelle 10.000 Mark aus seinem Privatvermögen zur Verfügung. Der Berliner Bildhauer Johannes Gottfried Götz hat den Auftrag ausgeführt, und mitten im Ersten Weltkrieg, im November 1916, wurde die auf eine Stele platzierte Büste enthüllt. Auf den Tag genau 400 Jahre zuvor war K in die Stadt gekommen, weil er die Aufgaben als Administrator des Domkapitels in der Residenz Allenstein zu übernehmen und später auch - mit gewissem Erfolg - Krieg gegen den Deutschen Ritterorden zu führen hatte (den sogen. „Reiterkrieg", 1520-1521). Das Denkmal bekam seinen Platz gleich vor dem Damm, der vor der Burg parallel zum Wehrgraben verlief. Nach dem Zweiten Weltkrieg zu Zeiten der Volksrepublik Polen (1945-1989) wurde es versetzt und steht heute am Fuß des Burgturms.

Titelseite eines touristischen Faltblatts aus Allenstein/ Olsztyn mit K

Die Titelseite eines touristischen Faltblatts präsentiert eine Büste von K. Das Denkmal ist ursprünglich deutscher Herkunft und stammt aus dem Jahr 1916, allerdings wurde der Sockel 1946 umgedreht. Auf der Vorderseite, in den Stein gemeißelt, steht heute auf Polnisch: „Dem Beschützer der Stadt Olsztyn vor dem Überfall der Kreuzritter, dem großen Polen Mikolaj Kopernik. Die dankbaren Landsleute." Die eingelassene Marmorplatte mit der kaiserlichen Inschrift, jetzt rückseitig, wurde 1945 entfernt, geschreddert und die Stele umgedreht, sodass heute noch das Leerfeld nach der Denkmals- Wende von hinten betrachtet werden kann. Die deutsche Inschrift bis 1945 lautete im übergewichtigen antiken Versmaß des Hexameters:

„*Geistesgewaltig wiesest zuerst du die Bahnen der Erde;*
dieser Stadt und der Burg brachtest du Segen und Schutz."

Justizrat Grahs

Auch eine Art kopernikanischer ‚Wendung'.

Rückseite des Denkmals von 1916, jetzt ohne die deutsche Widmung
(Vorderseite s.o. S. 140), Foto privat

Dem Dank an den Beschützer der Stadt Allenstein vor dem Überfall der Kreuzritter 1520/21 schließt sich der historisch-kritische Zeitgenosse an.
-> *Kapitel 4.1: Die vielseitige zweite Lebenshälfte des Kopernikus, S. 84ff., 88.*

Viele Denkmäler, zumal in Polen, ehren den *Diakon, Domherrn und Astronomen*, den Diener Gottes mit vielseitigen gesellschaftlichen Aufgaben, aber bis 2010 kein Grabstein im Frauenburger Dom, da erst 2005 seine

Gebeine gefunden und durch Genanalyse identifiziert werden konnten. Zu seiner Zeit, gleich nach seinem Tod 1543, hielt man die Grabstelle, auch seine lokale Bedeutung, im Dunkeln. Erst 30 Jahre nach seinem Tod entsteht das erste Porträt, und zehn Jahre später wird ihm ein Epitaph gewidmet, das allerdings im 17. Jahrhundert, nachdem sein Werk auf den Index des Vatikans gekommen war, wieder verschwindet. Am 22. Mai 2010 ist K nach 467 Jahren feierlich noch einmal, jetzt aber endgültig in allen hochverdienten Ehren zu Grabe getragen worden: RIP: Requiescat in pace (perpetua).

Die Maxime auf dem Grabstein von 1804 in Königsberg für den Philosophen der Aufklärung *Immanuel Kant* wird auch K gerecht: „Zwei Dinge erfüllen das Gemüt mit immer neuer und zunehmender Bewunderung und Ehrfurcht, je öfter und anhaltender sich das Nachdenken damit beschäftigt: Der bestirnte Himmel über mir und das moralische Gesetz in mir."

Kant hatte die ‚Kopernikanische Wende' als Begriff geprägt und damit seine universale Bedeutung für Astronomie und Wissenschaft auf immer manifestiert. -> Kapitel 6: AVE! – Koperni*kus* lässt grüßen – Blick auf die dritte Kreisbahn im All, S. 147

R.I.P.

5.4 Pressefoto vom Domherrn K

Erfolgreiche Fahndung nach 466 Jahren

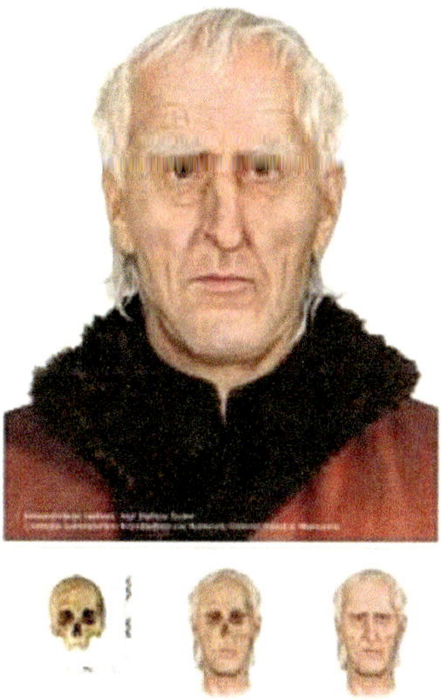

Kopernikus 1543/ 2005, s.u. S. 145
Eine kriminalistische Rekonstruktion des 70jährigen mittels Computer

So oder ähnlich, wie abgebildet, dürfte man sich K 70jährig vorstellen. Am 3. November 2005 war sein Foto, eine kriminalistische Rekonstruktion, in den polnischen Massenmedien zu sehen. Ein K zuzuordnender Totenschädel (s. S. 145) war die vermeintlich lebensechte Vorlage für die Computersimulation. Der Ausgestaltung im Detail sind all die bekannten Porträts des Astronomen ins Gesicht geschrieben. Das erste war erst 31 Jahre nach seinem Tod entstanden. Unverkennbar die kräftige römische oder angeblich in Kinderjahren (an-) gebrochene Nase. Archäologen glaubten unter den steinernen Fußbodenplatten des Frauenburger Doms auf das Grab von K gestoßen zu sein, das schon 200 Jahre lang vergeblich gesucht worden war. Ziemlich genau 500 Jahre vorher (1506) hatte K den „Commentariolus"/ Entwurf, das astronomische Manifest der Neuzeit, zu Papier gebracht.
-> Kapitel 3.2*: Der Entwurf des neuen Himmels mit 33 Jahren, S. 73ff.*

Noch Ende der 30er Jahren des vergangenen Jahrhunderts – Frauenburg/ Frombork war bis zum Ende des II. Weltkrieges 1945 ostpreußisch – wurde die letzte Ruhestätte K' von den Deutschen gesucht, damit sie, dann mitten im Krieg, bedeutsam den 22. Mai 1943, den 400. Todestag des großen angeblich ur*deutschen* Astronomen, mit nationalistischer Überhöhung feierlich begehen konnten; das Unternehmen verlief erfolglos wie auch später für Wissenschaftler der kommunistischen Volksrepublik Polen (1945 bis 1989). Sie wurden Anfang der 1970er Jahren archäologisch aktiv, um mit hoffentlich spektakulären Funden am 19. Februar 1973 die 500. Wiederkehr des Geburtstags des großen Sohns begehen zu können, polnisch- nationale tiefere Deutung inbegriffen. -> *Kapitel 1.2: Koppernigk – Copernicus – Kopernikus*, S. 30f.

Die Rekonstruktion auf dem archäologischen Weg führte erst einmal zu nichts, aber die filmische Fiktion versprach Erfolg. Eine der staatlich verordneten Kunstrichtung des ‚Sozialistischen Realismus' verpflichtete tendenziöse Filmbiografie wurde mit Andrzej Kopiczynski als K gedreht: „Kopernik", 1973, Regie Ewa und Czesław Petelsci. Der Hauptdarsteller sieht den bekannten Porträts des jungen K, auch der polizeilichen Rekonstruktion oben von 2005, S. 141, angemessen frappierend ähnlich. -> *Kapitel 5.3: Kopernikus im Salz, im Film und als Wende– Denkmal,* S. 137ff.

Zu Beginn des 21. Jahrhunderts nahmen im Auftrag des Bischofs Jacek Jezierski von Warmia/ Ermland die beiden polnischen Professoren Jerzy Gassowski und Andrzej Gasiorowski erneut die Suche nach dem Grab auf, das sie mit Hilfe einer Georadaranlage schließlich unter dem Altar des Heiligen Christophorus im Frauenburger Dom entdeckten. Sie fanden Teile des Skeletts eines etwa 70jährigen Mannes, dessen Schädel ein annähernd vollständiges Gebiss besaß, was für die damalige Zeit eine Seltenheit war, erreichten doch nur wenige damals ein so hohes Alter, erst recht nicht mit vollständigem Gebiss. Der Arzt und Naturheilpraktiker K hatte aus der Apotheke Gottes gesund gelebt.

Spezialisten vom Zentralen Kriminaltechnischen Laboratorium des Warschauer Polizeihauptpräsidiums rekonstruierten das Gesicht, wie es im Jahr 1492 vor dem Schlaganfall und dem Tod des Gesuchten 1543 ausgesehen haben konnte, und es sieht den bekannten Porträts des Domherrn verständlicherweise durchaus ähnlich, weil immer wieder angeglichen. Nach den Angaben der Forscher handelt es sich mit größter Wahrscheinlichkeit um das gesuchte Grab und damit um K. Für genauere Untersuchungen zur Identifizierung fehlte zu diesem Zeitpunkt noch das DNA- Material. Ende 2008 haben schließlich polnische und schwedische Wissenschaftler nach eigenen Angaben das Grab und die Gebeine samt Schädel des Astronomen identifiziert. Dies ergab eine DNA-Analyse, wie die polnische Zeitung

«Gazeta Wyborcza» berichtete. Zwei Haare aus einem von K benutzten Buch und ein Zahn aus dem Schädel wurden abgeglichen und führten zu seinem Grab.

Es bestehe nun Gewissheit, dass es sich bei dem im Dom von Frombork gefundenen Schädel um den des berühmten Wissenschaftlers handle, sagte der Archäologe Jerzy Gassowski vom polnischen Institut für Anthropologie und Archäologie in Pultusk, Masowien, Zentralpolen.

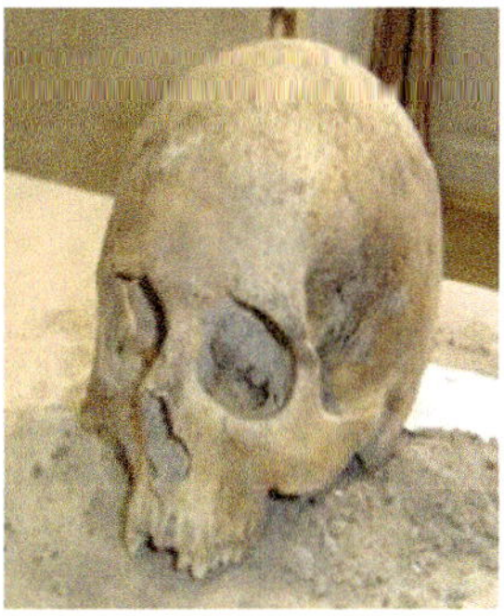

Im Dom zu Frauenburg 2005 gefunden: links der Schädel des 70jährigen K, in: Gazeta Wyborcza, polnische Tageszeitung, 13. 10. 2005. – Rechts: Porträt in den besten Mannesjahren, Öl auf Eichenholz um 1580. Eine Computeranimation hat die Bilder zusammengeführt und dabei die Physiognomie des 70jährigen im Todesjahr 1543 eingerechnet.

Die DNA der Gebeine wurde mit dem Erbgut von Haaren verglichen, die vermutlich von K stammten. Das Vergleichsmaterial wurde in einem Buch gefunden, das K lange benutzt hatte, dem «Calendarium Romanum Magnum» von Johannes Stoeffler aus dem Jahr 1518. Dieses Buch war wohl in den polnisch-schwedischen Kriegen des 17. Jahrhunderts nach Schweden gelangt. «Zwei der zwölf Haare, die in diesem Handbuch gefunden wurden, haben den gleichen genetischen Code wie ein Zahn aus dem Schädel und ein Knochen, die in Frombork gefunden wurden», erläuterte Marie Allen von der Universität Uppsala, Schweden.

Die moderne Paläoanthropologie, die sonst eher mit der Untersuchung der Knochenreste von Urmenschen befasst ist, könnte noch einen zusätzlichen Beweis und weitere Aufschlüsse über das erstaunlich gut erhaltene Gebiss des Knochenmanns erbringen. Die Zähne überstehen die Jahrhunderte besser als jeder andere Körperteil, sie geben mehr Informationen weiter als die meisten Knochen. Mit dem Röntgenlicht eines Synchrotons können Schichten des Zahnschmelzes sichtbar gemacht werden und so den Fachmann zur Bestätigung auf das genaue Lebensalter schließen lassen. Weitere Rekonstruktionen zur persönlichen Lebensgeschichte wären also denkbar.

Ein Historiker hatte die Theorie vertreten, K müsse in der Nähe des Altars vom Heiligen Andreas, den er betreut hatte, begraben liegen, was das Feld für die Suche im Dom eingegrenzt hatte. Bei den Ausgrabungen wurden die Überreste von 13 Leichen gefunden, darunter der Schädel eines 70-jährigen Mannes, der nun als jener des großen Astronomen identifiziert war. «Wir werden das Grab von Kopernikus im Dom errichten können, um an diese berühmte Person der Geschichte zu erinnern», sagte der Bischof von Frombork, Jacek Jezierski.

R.I.P. *

Der alte (2006) und der junge K 1580) im (Halb-) Profil, beide Mal fingiert
aus: Schlesische Nachrichten 7/2006

Am 22. Mai 2010 haben die sterblichen Überreste des großen Astronomen im Dom zu Frauenburg in einem Sarg aus schwarzem Granit unter dem Altar des Heiligen Christopherus ihre letzte Ruhestätte gefunden.

* Requiescat In Pace – Möge er (endlich!) in Frieden ruhen.

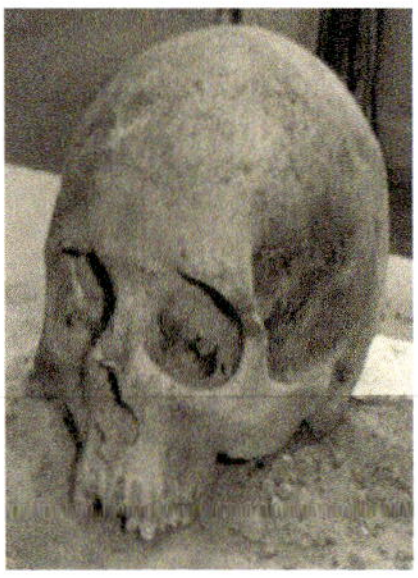

Die Herleitung des Logos (rechts) führt zurück in die Jahre 1543, 1580, 2006

6. AVE! – Kopernik*us* lässt grüßen

Blick auf die dritte Kreisbahn im All

Studiose lector – gelehrter Leser! würde K auf Mittellatein, der Verkehrssprache des katholischen Klerus und der Humanisten, der Wissenschaftler um 1500, seine Leser begrüßen und als erster Astronom und Physiker der Neuzeit fürs Verständnis seines Weltbilds Folgendes anregen: Verlassen wir in Gedanken die Erde als scheinbar feststehenden Standort und schauen aus der Blickrichtung des Alls auf unser Planetensystem, dann nehmen wir die Erde und damit auch unseren eigenen Platz auf der dritten Kreisbahn um die strahlende Sonne in der Mitte wahr, und wir schauen im Sternenhimmel die ‚ *Harmonie und Schönheit der Schöpfung*', ja den *‚sichtbaren Gott'* selbst, lat.: *visibilem deum;* N. K., De Revolutionibus Bd. I., Einleitung – in Zekl, S. 81. – -> Kap. 4.4: Nicolai Copernici Revolutionum/ N. Copernicus Umläufe, S. 108

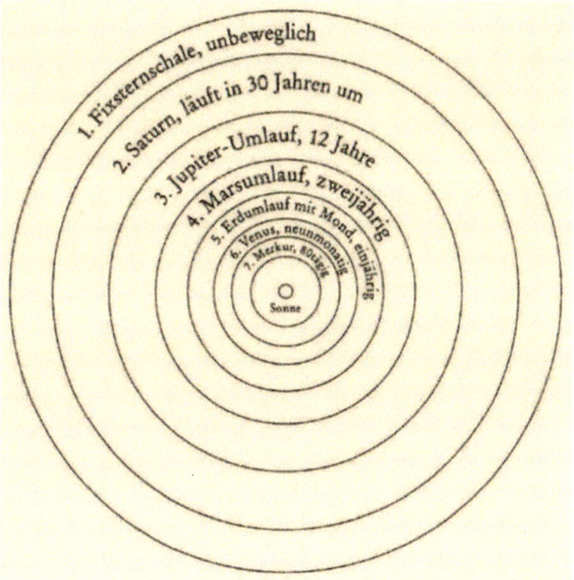

Die Sonne zentral, nach einer Skizze des rebellischen K;
der „Erdumlauf mit Mond, einjährig" hier, ‚von außen' gezählt auf Bahn 5

Die Skizze zeigt das umstürzende neue Weltbild von 1506 mit schlichter, übersichtlicher idealer Kreisstruktur und einem Trabanten nur für die Erde. Bei der klassischen Zählung von außen nach innen bewegt sich die Erde auf der fünften Kreisbahn. Saturn galt als äußerster (noch mit bloßem Auge sichtbarer) Planet, dahinter das unendliche Sternenzelt (amateursprachlich aus heutiger Sicht: ‚deep sky'). Nach gegenwärtiger Zählweise läuft die Erde auf der dritten Bahn, von der Sonne (heliozentrisch) aus gezählt. Im antiken geozentrischen Weltbild sind Sonne und Erde ausgetauscht (geo: lateinisch irdisch).- Nach der neuzeitlichen Kosmologie, also auch des K, bietet das Weltall jedem Beobachter denselben Anblick, ob er nun in ‚unserer' Milchstraße oder einer anderen Galaxie seinen Standpunkt wählt. Die höchst verschiedenen Weltbilder vergangener Jahrtausende haben ausgedient.

Den tatsächlich ersten persönlichen Blick aus dem All, nämlich vom Mond auf die Erde, warf der US- amerikanische Astronaut Neil Armstrong. Er stand am 20. Juli 1969 auf dem Erdtrabanten und war (wie schon K in seiner Vorstellung) von der himmlischen Erfahrung begeistert: «Ich schaue auf die Erde. Sie ist groß und strahlend und schön.» Gebetet wurde auch. – „Ich bin in den Weltraum geflogen, aber Gott habe ich dort nicht gesehen", hat angeblich Oberleutnant Juri Gargarin vorher 1961 spöttisch gesagt, nachdem er im sowjetischen Auftrag mit dem Raumschiff Wostok 1 als erster Atheist kommunistischer Prägung im Weltraum die Erde umkreist hatte. (Christi Himmelfahrt, die Rückkehr Jesu Christi als Sohn Gottes zu seinem Vater in den Himmel, war tatsächlich fast 2000 Jahre her). – Seit dem 8. Juni 2018 experimentiert der deutsche Astronaut Alexander Gerst auf der Internationalen Raumstation (ISS). Er warnt im Interview: „Wer da oben ehrlich ist, sieht, wie fragil das Ökosystem der Erde ist, mit einer hauchdünnen Atmosphäre drum herum. Und er versteht, dass wir Menschen für die Erde nicht wichtig sind. Es verhält sich anders: Wir Menschen können ohne dieses Ökosystem nicht überleben."(Chrismon 07.2018, S.37)

Die Berechnung der Raketenflüge ins All und die Mondlandung setzen die Kopernikanische Wende voraus, nämlich die Einsicht, dass nicht die Erde Mittelpunkt ist, sondern die Sonne als Gravitationszentrum – jedenfalls in unserem scheinbar überschaubar begrenzten Planetensystem. Unsere Galaxis beherbergt allerdings über 100 Milliarden Sonnen. Die erste Entdeckung einer weiteren Galaxie im Sternbild Andromeda ist keine 100 Jahre her. -> Kapitel 5.1: Giganten auf den Schultern von Giganten, S. 128ff.

Die Kopernikanische Wende

494 Tafelteil

Abb. 16. Das Frontispiz für Pierre Gassendis Copernicus-Biographie (1654). – Porträt-Nr. P 35

Titelblatt der ersten Biografie mit der (latinisierten) Umschrift: „Nicolaus Copernicus Thorner Preuße Mathematiker 1473-1543“ (Paris 1654). Ein Tellurium in seiner Rechten.

Der Autor des Textes zum Titelblatt (oben) ist Professor Pierre Gassendi, Theologe, Naturwissenschaftler und Philosoph. Mathematik (s. Umschrift) galt seit je als Grundlage der Astronomie. Auch dieses Porträt stellt den Astronomen wohl ebenso wenig gesichert realistisch dar wie etliche andere seit 1574. Kräftige Nase, wissender Blick, schwarze Stirnfransen und der kleine V-Ausschnitt im Wams gelten aber als seine Markenzeichen, die ihn bis heute anscheinend unverwechselbar machen. In seiner rechten Hand hält er ein Tellurium mit einer andeutungsweise lächelnden zentralen Sonne, allerdings mit (nur) einem Planet auf einer Umlaufbahn, ein symbolischer Hinweis auf sein heliozentrisches Weltbild. – Das Interesse an K, seinem Werk und seiner Biografie, war in der Mitte des 17. Jahrhunderts gestiegen. Schon ein Jahr später gab es eine neue Auflage dieser Lebensbeschreibung. Die Kopernikanische Wende war in der wissenschaftlichen Literatur endgültig angekommen. Die Indizierung 1616 von K‘ Lebenswerk „De Revolutionibus“ (1543) durch den Vatikan war in der außerkatholischen Gelehrtenwelt ohne durchgreifende Nachwirkung geblieben.

Wenn man den Namen *K* liest, denkt mancher das geflügelte Wort von der *Kopernikanischen Wende* gleich mit. Allgemein spricht man von einer kopernikanischen Wende (oder Wendung), wenn sich bei einem generellen Problem durch einen Perspektivwechsel überraschend die Aussicht auf eine Lösung zeigt, wie sie dem Namensspender in der Astronomie erstmalig epochal gelungen ist, als er das bisherige geo-zentrische durch das helio-zentrische Planetensystem ersetzte (altgriech. die Göttin Gäa oder Gaia: die Erde als Zentrum bzw. der Gott Helios: die Sonne als Zentrum).

Die Wissenschaft konstatiert eine *Kopernikanischen Wende* im übertragenen Sinne bei einem grundlegenden Neuansatz. Den hat z. B. *Karl Marx* in der Ökonomie gefunden, *Charles Darwin* in der Biologie, *Sigmund Freud* in der Psychologie und der Kopernikaner *Albert Einstein* mit der *Allgemeinen Relativitätstheorie* von 1915 für die Astrophysik. Der Philosoph *Immanuel Kant* gebrauchte um 1800 erstmals dieses Schlagwort analogisch zur Verdeutlichung seiner Philosophie der Aufklärung und markierte damit gleichzeitig die astronomische und auch geistige Wende, die die Menschheit dem genialen *K* auf immer verdankt: Die Erde kann nicht der Mittelpunkt des Universums sein! Ihre Achsenrotation bewirkt die scheinbare tägliche Umdrehung des Fixsternhimmels mit der Sonne im Zentrum. Nach Erkenntnis des Kopernikaners Newton reguliert die Schwerkraft das Abstands- und Spannungsverhältnis der Himmelskörper. Einstein entwickelt die Gravitationstheorie Newtons weiter; Raum und Zeit sind nach Einsteins Allgemeiner Relativitätstheorie von 1915 keine absoluten und unwandelbaren Größen des Universums – hier führt die *Kopernikanische Wende* im 20. Jahrhundert zu einem neuen Weltbild des Kosmos, weiterhin im Namen des Kopernikanischen Prinzips, nach dem der Mensch nur schwerlich als Ebenbild Gottes identifiziert werden kann (u. a. Altes Testament, Buch Genesis 1,28f).

Kant empfahl rational denkenden Zeitgenossen um der methodisch-kritischen Erkenntnis willen den Perspektivwechsel, nämlich davon auszugehen, dass sich die Anschauung der Menschen nicht nach den Dingen richte, sondern dass die Dinge, die wir subjektiv wahrnehmen, sich nach den *Möglichkeiten* des menschlichen Anschauungsvermögens richten (vgl. *Kritik der reinen Vernunft, 1787, Vorwort*). Nicht die Fakten sind entscheidend, sondern die Vorstellungen, die wir uns von ihnen machen. Die Alltagspraxis legt uns nahe, unsere Vorstellungen der Welt anzupassen, wenn sie nicht unseren Vorstellungen entspricht, damit sie für uns im Lot bleibt. Doch die kopernikanische astronomische Wende erfordert den gedanklichen Standortwechsel, den die Zeitgenossen damals und mancher auch später nicht wirklich schafft.

Ähnlich wie *Kants* kritische Forderung um 1800 klingt auch die durchaus neuzeitlich formulierte wissenschaftliche Maxime des K: *Die Sinneswahrnehmung bedarf der Überprüfung, wenn sie als Erkenntnis dienen will.*

(Hermanowski 1985). Das menschlich allzu menschliche Bewusstsein vermittelt nur die augenscheinliche Wahrnehmung, dass die Sonne um die Erde kreist. Wegen seiner nicht nur hypothetischen Widerlegung musste *K* den naiven Spott großer Zeitgenossen wie des Reformators *Martin Luther* über sich ergehen lassen, ebenso des ansonsten hochgebildeten Humanisten Philipp Melanchthon, der den unkritischen, schlicht naiven Merksatz *Oculi sunt testes* gegen K beschwörend dozierte (lat.; *Die Augen sind Zeugen*) und K Geltungssucht bescheinigte. Nur weil er die Augen offen hielt, glaubte Melanchthon auch alles eindeutig zu sehen, so sein zeitgenössischer populärer Selbstbetrug; er verließ sich allerdings anders als K auch auf die Astrologie.

Die Schöpferperspektive

Der junge Astronom Nikolaus hat bei seiner passionierten staunenden Beobachtung des unendlich glitzernden Sternenhimmels intuitiv eine virtuelle *Schöpferperspektive* eingenommen und sich von der zwanghaften Vorstellung von der Erde als Mittelpunkt des Alls befreit. Er sieht und kennt allerdings nur die zu seiner Zeit ohne Fernrohr zu beobachtenden bekannten ‚Wandelsterne', die Planeten Merkur, Venus, Erde, Mars, Jupiter und Saturn. Ein Fernrohr nutzt erstmalig Galilei Anfang des 17. Jahrhunderts und entdeckt die ersten vier Jupitermonde; Uranus, der siebte Planet, wird 1781, Neptun 1846 entdeckt. Pluto, ursprünglich der neunte, ist 2006 von der IAU (Internationale Astronomische Union) 76 Jahre nach seiner Entdeckung wieder zum Klein-Planeten degradiert worden.

K hat kurz nach der Jahrhundertwende 1500 ca. 33-jährig sein knappes astronomisches Manifest ‚Commentariolus' (Entwurf) *Die Erklärungsgrundlagen der Bewegungen am Himmel*' zusammengestellt, die er in sieben kurzen Forderungen auf den Punkt bringt. In der zentralen *Quinta Petitio*, lateinisch fünfte Forderung, verdeutlicht er erstmalig den Perspektivwechsel: Alles, was sich am Himmel bewege, rühre nicht *von dort her*, sondern liege an der nur scheinbar feststehenden Erde. Er wechselt hier von der Binnen- zur Außenperspektive (im Sinne Kants die *Kopernikanische Wende*), die für den katholischen *Diakon und Domherrn* K die außerweltliche Perspektive des Schöpfers ist und die Erkenntnis ordnender Vernunft ermöglicht. -> *Kapitel 3.2: Entwurf eines neuen Himmels mit 33, S. 73ff.*

Die Vernunft ist für K Brücke zum Glauben und umgekehrt. Mathematische Beweise kann er jetzt noch nicht beibringen, kündigt sie aber allzu optimistisch für ein größeres Werk an, in dem er dann Jahre später (auf Latein) begeistert schreibt: „*Was aber ist schöner als der Himmel, welcher ja alles Schöne enthält? ... Wer würde nicht beim Erforschen* (des Himmels) *zu dem Besten angeregt und den Urheber des Alls bewundern, worin alles Glück und alles Gute besteht?*" K, hier in seinem Lebenswerk *De Revolutionibus* von 1543, ist von der Schöpfung begeistert und fühlt sich eins mit ihr. (N. K., De Revolutionibus, Vorrede – Zekl, S. 69f.); eine mathematisch gesicherte Erforschung, die Erkenntnis und der Nachweis der neu erkannten himmlischen harmonischen Ordnung, ist für ihn beglückend und hat ihn allerdings auch, wie er feststellt, (seit 1506) in *Nachtarbeit* über 36 Jahre beschäftigt (N.K. De Revolutionibus, Bd. I., Einleitung – Zekl, S. 69 und 77).

Den Standort- bzw. Perspektivwechsel thematisiert K später wiederholt. Im ersten Buch, Kapitel 5, Kapitelüberschrift: *Ob der Erde eine Kreisbewegung zukommt und über ihren Ort,* kritisiert er die einseitige irdische Sicht der traditionellen Astronomie: *Nun ist es aber die Erde* (und nicht der Himmel), *von wo aus der Umlauf des Himmels beobachtet und unserem Gesichtsfeld dargestellt wird.* (NK I,5 – Zekl 99; vgl. a. Hawking 2004, 25). Auch in der Einleitung zum zweiten Buch, das den Fixsternhimmel vorstellt, reflektiert er sachlich den Perspektivwechsel und geht dabei in seiner Argumentation mit dem noch geozentrisch denkenden Leser vorsichtig diplomatisch um, indem er ziemlich umwunden formuliert (obwohl er sich eigentlich seiner Sache sicher sein darf): ‚*Es kommt ja nicht darauf an, wenn wir – dasjenige, was jene durch die ruhende Erde und die sich drehende Welt erklären, aus dem* ***entgegen gesetzten Gesichtspunkte*** (fett S.K.) *betrachtend – zu demselben Ziele gelangen; weil es sich bei den Dingen, die wechselseitig sind, so verhält, dass das einander Entgegengesetzte übereinstimmt.*' (N.K., De Revolutionibus, Zweites Buch, Einleitung, in: Hawkings, S. 65); d. h. kurz gesagt: man könne auch bei unterschiedlicher Betrachtungsweise zum gleichen Ergebnis kommen. Das ist eine fragwürdig hergestellte Übereinstimmung in einer Sache, in der nur einer, diesmal nämlich K selbst, Recht haben kann.

Will der konservative Revolutionär K den traditionsverhafteten bibelgläubigen Leser nicht vor den Kopf stoßen? Treibt den Wissenschaftler immer noch der Zweifel an der eigenen epochalen Erkenntnis um? Will er sich nicht angreifbar machen? Andererseits könnte er hier auch in bester aristotelischer Manier bemüht sein, *nicht nur die Wahrheit festzustellen*, sondern auch die *Ursache des Irrtums (*Aristoteles; vgl. Zekl, S. 211), damit das Umdenken dem Irrenden umso leichter gelingt. Darüber können wir gern spekulieren.

Das Weltbild des K „war eigentlich *nur* ein Wechsel der Perspektive. Erst der Wechsel des Standpunkts zum Fixsternhimmel zeigt, dass unsere planetarische Welt heliozentrisch ist. Alltäglich und geozentrisch gesehen bleibt der Sonnenaufgang und das Wandern der Sonne über den Himmel von Ost nach West also ‚richtig'. Nicht diese Perspektive war falsch, sondern die (*zu ergänzen: geozentrische*) Dogmatisierung zum einzig möglichen und anerkannten Standpunkt aller Wissenschaft. Erst ein Standpunkt außerhalb vermittelte das neue Wissen und die neue Weltsicht, das Weltbild der kopernikanischen Wende." Reinhart Gruhn, Dogmatismus in den Neurowissenschaften. in:

http://phomi.de/?tag=dogmatismus; 16.07.2013

Kopernikus bis heute

Die Menschheit nach K kann über das Universum vieles präziser und sicherer wissen, nimmt es aber im Prinzip nicht viel genauer wahr, als K es schon dargestellt hat: Zum Beispiel hat der Kopernikaner Johannes Kepler Anfang des 17. Jahrhunderts nachgewiesen, dass die Planeten elliptisch und nicht, wie Kopernikus noch meinte, im Kreisverkehr um die Sonne laufen; Kepler seinerseits konnte noch nicht wissen, dass die Bahn des später entdeckten Planeten *Neptun* (fast) kopernikanisch kreisförmig ist. Auch ist die Erdbahn um die Sonne annähernd kreisförmig, besser gesagt nur schwach elliptisch, und beträgt max. 3,3% Abweichung vom sonnenfernsten bzw. sonnennächsten Punkt der Sommer- bzw. der Wintersonnenwende. Die sich nicht wesentlich verändernde Entfernung der Erde von der Sonne hat keine Auswirkungen auf die wechselnden Jahreszeiten, ist also für die irdische Alltagserfahrung ohne Belang und im 16. Jahrhundert experimentell nicht nachweisbar.

Kopernikus-Modell (Liebhaberstück) mit Drehachse, Kurbel links unten, und einer Glühbirne als Sonne oben drauf; rechts auf der kleinen Drehscheibe der blaue Planet Erde mit einem Zusatzkreis für den Erdmond (Bastelvorlage aus dem Versandhandel).

Erst seit dem Kopernikaner Isaac Newton im 18. Jahrhundert ist bekannt, was wiederum Kepler noch nicht wusste, dass die Gravitation (Schwerkraft; ‚Schwere' als Begriff auch bei K) als treibende physikalische Urkraft das Spannungs- und Abstandsverhältnis zwischen Erde und Erdmond, Sonne und Planeten aufrechterhält. Dass sie jenseits des Planeten Saturn auch das Drehmoment von Milliarden Galaxien mit unvorstellbarem Tempo ist, entzog sich allerdings der Vorstellungskraft aller drei, und – seien wir mal ehrlich – auch unserer eigenen noch heute.

Im 21. Jahrhundert begreifen wir die Erde nicht als Kugel, sondern als Elliptoid. Im Kosmos staubkorngroß, ist sie mit 12.756 Kilometern Durchmesser in einer elliptischen diskusförmigen kreisenden Galaxie mit 100.000 bis 120.000 Lichtjahren Durchmesser in einem sich ausbreitenden Universum unterwegs. Erst 1923 hat Edwin Hubble die Andromeda – Galaxie als außerhalb unserer hauseigenen Galaxis, der Milchstrasse gelegen entdeckt, 2,5 Millionen Lichtjahre entfernt. Sechs Jahre später teilt er, heute unbestritten, mit, dass das Multiversum insgesamt expandiere: ungeahnte Kopernikanische Wenden nicht unbedingt am Himmel, sondern in den Köpfen der Menschen. Die Dinge, die wir subjektiv wahrnehmen, richten sich nach den *Möglichkeiten* des menschlichen Anschauungsvermögens. (I. Kant, *Kritik der reinen Vernunft, 1787, Vorwort*).

Die *‚Unermesslichkeit des Himmels'* hatte auch schon der Visionär K als erster Astronom und Physiker der Neuzeit konstatiert. Er gab der Erde den *Schätzwert Null im Vergleich zur Größe des Himmels* (N. K., De Rev., I, 6 – Zekl, S. 103). Seinen Glauben hat das nicht ins Wanken gebracht, vielmehr Staunen und Demut vertieft, eine Haltung, die dem gegenwärtigen rationalen Denken oft genug fehlt.

Unser Weltverstehen heute wird weiter auf die Probe und in Frage gestellt, wenn die aktuelle Wissenschaft uns lehrt, dass alles, was es an Gestirnen, Gas und Staub gibt, also die uns geläufige Materie, nur fünf Prozent des Weltalls ausmacht. Der ‚Rest' ist angeblich sog. *Dunkle Materie* (25%) und *Dunkle Energie* (70%). Die Bezeichnungen kennen wir, aber die Erklärungsversuche bleiben vorerst ergebnislos und sind wohl nie abzuschließen – Etiketten auf unbegriffenem Inhalt oder doch Ideen, die nach Platon die Welt abbilden? Wir heute wissen im Vergleich nur wenig mehr als noch K, gemessen an der menschlichen kosmischen Ahnungslosigkeit insgesamt. –

„Obwohl wir uns in dem wenigen, das wir wissen, stark unterscheiden, sind wir in unserer grenzenlosen Unwissenheit alle gleich."
Karl R. Popper, Philosoph, † 1994.

K lässt grüßen

Im 21. Jahrhundert können wir allerdings auch kommenden Katastrophen entgegensehen, die die Menschheit mit rücksichtslosem Fortschritts- und Wohlstandsdenken über die Erde zu bringen imstande ist, allein wenn wir den gefährlichen Weltraumschrott zur Kenntnis nehmen, der mehr und mehr um die Erde kreist. Jetzt hat Müll von Menschenhand nicht nur die Ozeane gefährlich verdreckt, sondern auch schon den Himmel erobert, rotierendes Strandgut im Gravitationsfeld eines Planeten, der nach erster Erkenntnis des K schließlich über die Jahrhunderte zur Randexistenz auf der Milchstraße und von tausenden Galaxien geworden ist. Bei zunehmendem wissenschaftlichem Durchblick hat die Erde in der Unermesslichkeit des Universums an Bedeutung verloren, die in Zukunft nur der Mensch selbst für sich sichern und bewahren kann. Weitere *‚Kopernikanischen Wenden'* für Problemlösungen am Himmel und auf Erden sind zu erhoffen und überlebenswichtig nötig. Der alttestamentarische Imperativ Jehovas „Macht euch die Erde untertan...!" (Moses, Buch Genesis I, 28) ist falsch gesagt oder falsch verstanden worden.

Blick aus dem Weltall auf den Elliptoid Erde: Massen von bedrohlichem Weltraumschrott kreisen in einer erdnahen Umlaufbahn (Computersimulation 2009 der Europäischen Weltraumorganisation ESA) Bild: dpa

K behält auch nach 500 Jahren als gläubiger Bewunderer der Schöpfung und Visionär der Zukunft vorbildliche Bedeutung, weil er sie entschieden, entscheidend und ohne viel Aufsehens seinerseits grundlegend neu geordnet hat. Er tritt als Person hinter sein komplexes Werk zurück und behauptet dennoch auch in der neuen Kosmologie als die Autorität im vergangenen Jahrtausend seinen hervorragenden Platz. -> *Kapitel 1.3: Kernsätze und Merkverse für den großen Bewunderer des Himmels. Sein Bodendenkmal auf dem Mond, S. 33ff*

K lässt grüßen!
Vale studiose lector! – Leb wohl, gelehrte Leserin, gelehrter Leser!

Aber:
„Die Wirklichkeit, von der wir sprechen können, ist nie die Wirklichkeit an sich, sondern eine gewusste Wirklichkeit oder sogar in vielen Fällen eine von uns gestaltete Wirklichkeit."
Werner Heisenberg, Physiker † 1976

Und:
„Die Imagination ist die größte natürliche Begabung des Menschen." – „Fiktion ist immer eine Art von Wahrheit."
Nobelpreisrede der Schriftstellerin und Psychologin Olga Tokarczuk, Nobelpreis für Literatur 2018

7. Die Kopernikanische Wende: „Königin der Revolution"

Nachwort vom traditionellen, egozentrisch geozentrischen Standort aus

K vermutet, das Universum sehe aus der Perspektive aller Standpunkte im Kosmos etwa gleich groß aus, er hält es für unendlich. Das ist neu im 16. Jahrhundert. Auch der späte Renaissancephilosoph Giordano Bruno ist in diesem Sinne bekennender Kopernikaner, der allerdings öffentlich auch etliche kirchliche Dogmen verwirft, z. B. sagt, Jesus sei nicht Gottes Sohn. Die Inquisition in Rom verurteilt den ehemaligen Dominikanermönch 1600 nach achtjähriger Kerkerhaft wegen Ketzerei und veranlasst seine Hinrichtung auf dem Scheiterhaufen durch den Gouverneur von Rom. 400 Jahre später wird er von Papst Johannes Paul II. rehabilitiert, die Hinrichtung sei auch aus kirchlicher Sicht als Unrecht anzusehen. Seit 1935 trägt ein Krater auf dem Mond seinen Namen, von der Internationalen Astronomischen Union (IAU) benannt und bei Vollmond mit dem Teleskop gut zu sehen.

Unaufhaltsam verliert der neuzeitliche Mensch auf Erden mehr und mehr seine vermeintliche zentrale Sonderstellung im Kosmos. K gibt die religiöse Vorgabe der christlichen Bibel auf, den zu seiner Zeit seit Aristoteles 1800 Jahre alten Geozentrismus, und wird unvermutet zum *Begründer der kosmologischen Modelle* folgender Jahrhunderte. Seine geniale Erkenntnis ist das sogen. *Kopernikanische Prinzip:* Der Mensch nimmt keine ausgezeichnete, spezielle Stellung im Kosmos ein. Dazu muss man von sich absehen können. Eine mathematisch-physikalische Weltformel ist damit noch lange nicht gefunden. Aber K hat schon mal den Himmel ‚mit dem Zeigefinger berührt', wie man in Italien sagt oder wie der Autor Frantz Wittkamp in seinem sogen. „Findling" (2004) reimt:

Für mich gehörst du zu den Riesen,
du hast der Menschheit längst bewiesen,
dass du die längsten Arme hast:
du hast die Sterne angefasst.

Ein volkstümlicher Vierzeiler, voll gegenwärtiger kindlicher Bewunderung für K und seine Vorstellungskraft, aber ganz ohne dessen weitergehenden kosmologischen Ausblick. Der Blick so weit ins Unendliche geht über unsere von Kind an täglich erfahrene und erlernte geozentrische Weltinnensicht hinaus. Egozentrische Selbstreferenz erscheint als Bedingung für

Identitätsbildung. Aber: Nur der Glaube, *sola fides* (lat.; allein der Glaube), helfe auf dem Weg, Gott (und damit auch sich selbst) zu finden, weiß Martin Luther, und zwar *sola scriptura* (nur auf der Grundlage der Schrift, der Bibel). Doch auch K ist und bleibt tief religiös und setzt wie Luther auf Gottes Gnade: *sola gratia*, was auch ohne Egozentrik der Geozentrik geht und gern z. B. mit „Liebe, die beweget Sonn' und Sterne" (Dante Alighieri, Das Paradies 1321, Schlussvers 33) oder mit „Freude", die „die Räder in der großen Weltenuhr" treibt (Friedrich Schiller „An die Freude", 1785; s. a. S. 159)

Dem Gedanken des *Kopernikanischen Prinzips* geht der Gedanke der *Wende/ der Revolution* voraus. Beginnen wir noch einmal mit einem kosmischen und zugleich selbstreferentiellen Glaubensbekenntnis Immanuel Kants (1724-1805), führender Philosoph der europäischen Aufklärung: „Zwei Dinge erfüllen das Gemüt mit immer neuer und zunehmender Bewunderung und Ehrfurcht, je öfter und anhaltender sich das Nachdenken damit beschäftigt: Der bestirnte Himmel über mir und das moralische Gesetz in mir." („Kritik der praktischen Vernunft", 1788, auch Inschrift auf seinem dann verloren gegangenen Grabstein in Königsberg von 1904). Auf dem Grabstein Muhamad Alis († 2016), des „größten Boxers aller Zeiten" (Filmtitel 2011), stehen nach seinem letzten Willen nur drei Buchstaben: ALI, d. h. im Selbstzitat des Boxers, Sportler des Jahrhunderts (International Olympic Committee 1999): „I am the Greatest!" (1963). Welch irdisch-geozentrischer Eigenanspruch, wie aus Kindermund: Ich, Ich! Das höchstbescheidene Genie K hatte im Sternenhimmel voll Demut das Antlitz Gottes gesehen. Die Perspektive des Betrachters irgendwo aus dem Kosmos oder ein selbstreferentieller Standpunkt sind dafür unwesentlich, die Erde jedenfalls muss es nicht sein. Seinen Gottglauben brauchte K deswegen nicht aufzugeben. Niemand müsste das bis heute. Und Kant? „Der Glaube an einen Gott und eine andere Welt ist mit meiner moralischen Gesinnung so verwebt, dass so wenig ich Gefahr laufe, die Letztere einzubüßen, ebenso wenig besorge ich, dass mir die Erstere jemals entrissen werden könne." Gott ist für Kant ein Postulat der Vernunft.

Historienbild, 19. Jahrhundert, Künstler unbekannt.

Im Bild unten links: ‚Blick in die „Weltenuhr“: „Freude, schöner Götterfunken, Tochter aus Elysium... Freude, Freude treibt die Räder in der großen Weltenuhr...“ aus: Friedrich Schiller „An die Freude“, 1785, 3. Strophe/ Vertonung: Ludwig van Beethoven, 9. Sinfonie, 4. Satz, 1824, Europahymne seit 1985.

Vorrangige Voraussetzung für unsere Wahrnehmung von *Raum und Zeit* in der Welt ist unser Verstand, sagt Kant in seinem Hauptwerk (Kritik der reinen Vernunft“, 1781/Vorwort der Ausgabe von 1787). Raum und Zeit sind für ihn (nur) im menschlichen Bewusstsein existent. Er fordert für die Philosophie der Zukunft eine „Umänderung der Denkart“, wie sie K in der Kosmologie vollbracht habe. Kant bezeichnet ihn als „Urheber“ dieser Umänderung. Seit dem 19. Jahrhundert gibt es in der Wissenschaft die Formel von der sprichwörtlich gewordenen kopernikanischen Wende, weitere „Wenden“ bzw. „Revolutionen“ auf verschiedenen Wissenschaftsgebieten der Moderne folgten und sind auch für die Zukunft zu erwarten. Ob zum Besten, wird sich zeigen.

Rückblick am geokosmischen Rand

https://imgur.com/gallery/NVW4m: Primaten, Hominiden, homo sapiens

Die Kopernikanische Revolution als kultureller gedanklicher Entwicklungsschritt in den Kosmos und damit in die Neuzeit setzt die *kognitive Revolution* voraus, die vor ca. 70.000 Jahren dem *homo sapiens*, also uns, die rein zufällige Chance eröffnete, sich im Sinne I. Kants seines „Verstandes zu bedienen“. Eine einmalige Gen–Mutation – vermutet die Wissenschaft z. Zt. – verhalf dem (also auch heutigen) Menschen damals, *sapiens* zu werden (lat.; weise, einsichtsvoll, verständig, klug), d.h. nicht nur abstrakt zu denken, sondern über seine Vorstellungen auch mit anderen Menschen reden zu können: im Anfang war das Wort (vgl. Evangelium nach Johannes 1,1-3). „Sein Erfolgsgeheimnis war die fiktive Sprache. Eine große Zahl von wildfremden Menschen kann effektiv zusammenarbeiten, wenn alle an gemeinsame Mythen glauben… Diese Dinge existieren jedoch nur in den Geschichten, die wir Menschen erfinden und einander erzählen. Götter, Nationen, Geld, Menschenrechte und Gesetze gibt es gar nicht – sie existieren nur in unserer kollektiven Vorstellungswelt.“ (Y. N. Harari, Eine kurze Geschichte der Menschheit, 2013, S. 40f.).

Unabhängig von dieser Einsicht geht der möglichen „Umänderung (einer) Denkart“ (I. Kant, s.o.) erst einmal ihre Entstehung in Legenden, Mythen, Religionen, Götter, Ideologien usw. voraus. Werte und Normen entstehen auf sozial konstruierter Grundlage und bilden Kultur heraus. Damit konnte und kann der Mensch in größeren Gemeinschaften zusammenarbeiten, vor allem aber wesentlich schneller, flexibler und komplexer auf neue Herausforderungen reagieren. Verkürzt erzählt: Anfangs, mit der *kognitiven Revolution* vor ca. 70.000 Jahren im Kopf, begann er von Ostafrika aus die Erde zu erobern, machte sie sich „untertan“ (lt. Genesis, 1. Buch Moses 1, 1-2,4), und dann führte sein Weg mit der einschneidenden

„wissenschaftlichen Revolution" seit dem 16. Jahrhundert (Harari, 11) in den Kosmos, u.a. erst im Gedankenexperiment eines K und dann 1969 mit ‚Apollo' 11 (+12) auf den Mond.

Die Kopernikanische Wende ist die „Die Königin der Revolution"

Es wurde immer wieder spekuliert, ob die ca. 200 Jahre alte auf I. Kant zurückgehende Benennung ‚Kopernikanische Wende' von ihm überhaupt konkret gemeint war und nicht nur als anschaulicher Begriff, als metaphorischer Hinweis oder als Vergleich zu verstehen sei. Das aber hieße, den führenden Philosophen der europäischen Aufklärung nur halb zu verstehen, der mit seinem Werk den Beginn der modernen Philosophie markiert. Ihm war klar, dass der Astronom K (ohne eigens erklärte Absicht) ein neues, nicht nur astronomisches Weltbild geschaffen hatte. Es war ein Umsturz, eine Revolution, die als Gedankenexperiment über die Physik, die Naturwissenschaften hinausreichte.

Das Hauptwerk De Revolutionibus (1543) von K meint im lateinischen Wortsinn erst einmal die Umwälzung im Allgemeinen, die aber das spätere historisch definierte Begriffsverständnis Revolution (seit der Französischen R. von 1789) nicht ausschließt, also der Umsturz aller gesellschaftlichen Verhältnisse. Der Titel K' wird erst von seinem Herausgeber um zwei Begriffe erweitert (und damit inhaltlich verengt): „De revolutionibus orbium coelestium", d.h. ‚Über die Umdrehungen der Himmelskreise', also um die Sonne. Doch dieser Umsturz ist von K nur scheinbar ausschließlich kosmisch- heliozentrisch bedacht. Er war sich der grundstürzenden Reichweite seiner These für das gesamtgesellschaftliche Leben bewusst, in dem die Religion des geozentrischen Alten und Neuen Testaments bislang ausschließliches Fundament war.

Die durch K in die Diskussion gebrachte Wende bewirkte allerdings einen neuen Abschnitt im menschlichen Denken, ein Vorher und ein Nachher. Kant: „Bisher nahm man an, alle unsere Erkenntnis müsse sich nach den Gegenständen richten, aber alle Versuche über sie a priori etwas durch Begriffe auszumachen, wodurch unsere Erkenntnis erweitert würde, gingen unter dieser Voraussetzung zunichte. Man versuche es daher einmal, ob wir nicht in den Aufgaben der Metaphysik damit besser fortkommen, dass wir annehmen, die Gegenstände müssen sich nach unserer Erkenntnis richten, welches so schon besser mit der verlangten Möglichkeit einer Erkenntnis derselben a priori zusammenstimmt, die über Gegenstände, ehe sie uns gegeben werden, etwas festsetzen soll. Es ist hiermit ebenso, als mit den ersten Gedanken des Kopernikus bewandt, der, nachdem es mit der Erklärung der Himmelsbewegungen nicht gut fort wollte, wenn er annahm, das ganze Sternenheer drehe sich um den Zuschauer, versuchte, ob es nicht besser gelingen möchte, wenn er den Zuschauer sich drehen, und dagegen die Sterne in Ruhe ließ. In der Metaphysik kann man nun, was die Anschauung der Gegenstände betrifft, es auf ähnliche Weise versuchen." (Kritik der reinen Vernunft", 1781/Vorwort der Ausgabe von 1787)

In der Kopernikanischen Wende im Sinne Kants richtet der Erkenntnistheoretiker den Blick vom empirisch (anscheinend objektiv) Gegebenen zurück auf das Subjekt. Was für unsere Sinne evident ist, muss nicht wirklich so sein. Das gilt generell, für die Weltsicht des einzelnen, der Gesellschaftsepochen, für grundlegende Wissenschaftsergebnisse so wie für unser Bild von Schöpfungsgeschichte überhaupt. Unsere Augen sind keine verlässlichen Zeugen, wie alle unsere Sinne es nicht sind. Philipp Melanchthon (†1560), der humanistisch hochgebildete Zeitgenosse Luthers und K', hatte wie auch Luther noch darauf beharrt: „Oculi sunt testes", die Augen seien Zeugen dessen, was wir sehen, nämlich dass sich die Sonne um die Erde drehe. Aber auch der letztlich von der Wahrnehmung der Augen abhängige Verstand ist auf Dauer kein verlässlicher Gewährsmann. Kant knüpft bei K (nicht nur im engeren Sinne philosophisch) an, was sich bei einem Studium seiner Schriften nachvollziehen lässt; das ist nachzulesen in einer Studie Jens Lemanskis, „Die Königin der Revolution. Zur Rettung und Erhaltung der Kopernikanischen Wende" (2012). Lemanski vergleicht die Schriften „De Revolutionibus" (Kopernikus) und „Kritik der reinen Vernunft" (Kant) miteinander und legt dar, dass der wissenschaftlich-theoretische Ansatz im Kontext neuer historischer Erkenntnisse betrachtet werden könne. Kant berufe sich auf die ersten neun Kapitel von „De Revolutionibus", in denen der Wechsel vom induktiven geozentrischen zum deduktiven heliozentrischen Weltbild vollzogen werde. Im Sinne Kants sei die Metaphysik eher als deduktive denn als induktive Wissenschaft und K als der Urheber der Umänderung dieser Denkungsart zu betrachten.

„De Revolutionibus" ist das Schlüsselwerk aller Kopernikanischen Wende(n) und wurde von Thomas S. Kuhn, führender Wissenschaftsphilosoph († 1996), als Musterbeispiel für eine wissenschaftliche Umwälzung („scientific revolution") herangezogen (Kuhn, 1957; deutsch 1981, Vorwort). Wende, Umwälzung, Revolution oder Kopernikanisches Prinzip: der Umsturz nicht nur des Himmels, sondern auch der modernen Wissenschaft ist seit K Programm, das erst 250 Jahre nach ihm im Zeitalter der europäischen Aufklärung von I. Kant zu Papier gebracht wird und grundlegend unverändert nachwirkt.

Exkurs 1

Eine neue ‚kopernikanische Wende' durch den neomarxistischen konkreten Utopisten Ernst Bloch (1885- 1977)

Neuartige Denkversuche um die Jahrhundertwende (1900) in der Nachfolge Kants scheinen die Voraussetzung für das Verständnis der Struktur auch gegenwärtiger Weltanschauung zu sein, so der Philosoph Horst Hansen 100 Jahre später in seiner Schrift „Die kopernikanische Wende in die Ästhetik: Ernst Bloch und der Geist seiner Zeit" (1998). Bloch beginne den bisherigen Erkenntniszusammenhang nach Kant utopisch umzukehren und so die Perspektive aufs Neue zu verändern. Blochs Philosophie biete ein Grundmuster zur Interpretation auch irrationaler Phänomene, die vordergründig als unerklärbar scheinen. Er setze einen anderen Akzent, wenn er „Mentalität" darstellen will, um „das Irrationale in seine logischen Bestandteile zu zerlegen und es damit beschreibbar zu machen" (Hansen, S.74; S. 220). Ernst Bloch u.a.: „Geist der Utopie", 1918, 1. Fassung; „Das Prinzip Hoffnung", 1980; 1967 mit dem Friedenspreis des Deutschen Buchhandels ausgezeichnet.

Ernst Bloch 1956 – de.wikipedia.org/wiki/

Wahljahr 2017 aktuell: Perspektivwechsel, d. h. parteipolitische Wende empfohlen In der Bundestagswahl vom 24.09. 2017 verlieren die beiden sogen. Volksparteien massiv an Wählern, der rechte, extremistische Rand wird zum Erschrecken mancher selbsternannter Demokraten gestärkt. Auch in den vier Landtagswahlen des Jahres zeigt sich der Trend. Haben es die Parteistrategen verlernt, mit Luther gesprochen: dem „Volk aufs Maul zu schauen", die Verlustängste vieler Bürger vor dem Hintergrund einer gefühlt bedrohlichen Globalisierungs- und Flüchtlingspolitik wahr- und ernst zu nehmen? Fraktionschefin im Bundestag Andrea Nahles: „Ich empfehle den Perspektivwechsel: Wen wollen wir erreichen? Diese Grundfrage müssen wir beantworten. Wir haben kein Defizit in der Sacharbeit, wir haben eins in der Emotionalität!" Die Zeit Nr. 42, 2017-10-12, Politik, S. 2. – Wer in der Politik der Bundesrepublik ist fähig, die Perspektive zu wechseln und im Irrationalen logische Bestandteile zu erkennen, um der Demokratie im nächsten Schritt zu einer glaubwürdigen, vertrauenswürdigen Repräsentation zu verhelfen? Im Geiste Ernst Blochs gefragt: Die Wünsche und Tagträume der Menschen sind Ausdruck vielfältiger Hoffnung. Die Hoffnung ist das den Menschen in seinen täglichen Geschäften leitende evolutionäre Prinzip – wie könnte sie im politischen Alltag Antwort finden? Mit einer ‚kopernikanischen Wende' in die konkrete Utopie, um der gegenwärtigen Dystopie abzuhelfen?

Die jeweils wahrgenommenen *Wenden* in den verschiedensten Lebensbereichen sind nicht zwingend Kursänderungen (Paradigmenwechsel) auf Dauer. Die Wirkung wird erneut zur Ursache, die wieder zur (Aus-) Wirkung wird, also: auf die These folgt die Gegenthese, die wieder zur (Hypo-) These wird usw. usf. Neue wissenschaftliche Erkenntnisse (Paradigmen, Lösungen) gelten immer nur so lange, bis sie nicht nur falsifiziert, sondern ihr Gegenteil bewiesen ist; sie bleiben also prinzipiell immer hypothetisch. Das wird zur Maxime in der Wissenschaftsgeschichte seit dem späten 19. Jahrhundert und gilt also auch für das Kopernikanische Prinzip. So sieht das nicht nur Albert Einstein, eingestandenermaßen ebenso für sein eigenes Lebenswerk.

Der heliozentrische Gedanke ist seit 2300 Jahren in der Welt. Er ist für den griechischen Astronomen Aristarchos von Samos nur in Querverweisen nachweisbar, dessen heliozentrische Schrift K nicht gekannt haben kann. 100 Jahre später vertritt auch Seleukos von Seleukia diese Überzeugung und gerät wie Aristarch schnell in Vergessenheit. Beide gehen wie später K und Giordano Bruno im 16. Jahrhundert von der Unendlichkeit des Weltalls aus. Wie überliefert, wurde Aristarch wegen seiner These der Gottlosigkeit angeklagt. Posthum bekam er den Namenszusatz „griechischer Kopernikus", auch weil beiden zu ihrer Zeit in der gleichen Sache die Zustimmung verwehrt geblieben ist. K' bester Freund Tiedemann Giese, Fürstbischof des Ermlands seit 1549, hat Aristarchos den Titel posthum ‚verliehen' und so zu seiner Zeit 1800 Jahre Astronomie rückwirkend überbrückt. K wäre demnach kein unbedachter Querdenker, sondern ein Renaissancevertreter, der im Bereich der Astronomie Denkansätzen aus der klassischen Antike gegen den starren Zeitgeist jetzt des 16. Jahrhunderts mit durchschlagender Überzeugungskraft endlich zu weitreichender Geltung verhilft.

Das Kopernikanische Prinzip:

„Der Mensch nimmt keine ausgezeichnete, spezielle Stellung im Kosmos ein.“ Stephen Hawking 1973

Seit 1901 gibt es einen dritten ‚Kopernikus'. Der Begründer der Quantenphysik Max Planck (1858-1947) nennt seinen von ihm geförderten, kreativen wissenschaftlichen Zeitgenossen Albert Einstein den „Kopernikus des 20. Jahrhunderts“. Das *Kopernikanische Prinzip* wird durch dessen kosmologisches Modell der Allgemeinen Relativitätstheorie (Die ART von 1915/ 1916 als neue Gravitationstheorie) fortgeführt.

Im Rahmen der Allgemeinen Relativitätstheorie wird durch die von Einstein so genannten „Feldgleichungen“ das physikalische Phänomen der Gravitation beschrieben, das Isaac Newton entdeckt und im Gravitationsgesetz (1684) festgehalten hatte. Allerdings sind diese auch „Gravitationsgleichungen“ genannten Erkenntnisse Einsteins höchst komplex und im Wesentlichen ungelöst geblieben. Vier Wissenschaftler mit dem Kürzel FLRW fanden einfache kosmologische Modelle, die ein expandierendes Universum beschreiben, eine Überlegung, die sich Einstein erst einmal nicht zu eigen macht. Er bestand eine Zeit lang auf seiner Annahme einer „kosmologischen Konstante“, die als abstoßende Kraft die Anziehung durch die Schwerkraft ausgleichen sollte.

Die Modelle von ‚FLRW' (Kürzel für Alexander Friedmann † 1925, Georges Lemaitre † 1966, H.P. Robertson † 1961 und Arthur G. Walker † 2001) bilden heute Grundlagen der Kosmologie, jedenfalls in den populärwissenschaftlichen Fachbüchern. Um diese zu verstehen, müsste sich allerdings auch ein K erst einmal einarbeiten, so wie die jungen Kopernikaner * innen heute.

Exkurs 2

Das Universum sieht an allen Stellen etwa gleich groß aus.

„Die Geschichte der Kosmologie – und der Physik allgemein – war immer wieder bestimmt durch den Streit mit der christlichen Kirche. Die Idee, dass die Menschen dem Zentrum des Universums ‚nahe' sind, ist mit der Zeit ziemlich unpopulär geworden. Das hat seinen Grund zum einen Teil in der nichtreligiösen Ausrichtung und zum andern Teil darin, dass die sich daraus ableitenden kosmologischen Modelle signifikant einfacher sind."
Aus: Bruce Basset & Ralph Edney, Relativitätstheorie, Ein Sachcomic, deutsch 2012/13, S. 130f; vgl. a.: Die Allgemeine Relativitätstheorie (ART), leicht und verständlich erzählt und bebildert: www.kornelius.de/arth/ (2016)

Eine neue Astronomie des 21. Jahrhunderts?

Einsteins unbestrittenes Naturgesetz E=mc2 von 1905 (SRT/ Spezielle Relativitätstheorie oder Zur Elektrodynamik bewegter Körper) ist die berühmteste Gleichung der Welt: Energie ist gleich der Masse mal der Geschwindigkeit des Lichtes zum Quadrat. Das bedeutet auch, dass Masse und Energie ineinander umgewandelt werden können, was nachvollziehbar sein könnte.- Der Querdenker für visuelle Gestaltung Andreas Plautz gibt im Graffito Albert Einstein 2019 auf einer Begrenzungsmauer in Warendorf a.d.Ems die Ehre. Foto privat

Die Expansion des Universums wies Edwin Hubble 1929 experimentell nach; er hatte 1925 die Andromeda–Galaxie (auf der Nordhalbkugel der Erde im gleichnamigen herbstlichen Sternbild fürs Auge sichtbar) als eigene Spiralgalaxie außerhalb unserer ‚Milchstraße' ausgemacht, eine zweite Sterneninsel in unserem sich ausbreitenden Universum. Mittlerweile nimmt man 100 Milliarden Galaxien an.

Die von Einstein in seiner Relativitätstheorie konstatierten „Gravitationswellen" sind 2015 erstmals in Gravitationswellen-Observatorien in den USA (Hanford/ Livingston) nachgewiesen worden. Wissenschaftler hatten Gravitationswellen einer Kollision zweier schwarzer Löcher hörbar gemacht, die sich in einer 1,3 Milliarden Lichtjahre (LJ) entfernten Galaxie ereignet hatte (bis zum ‚Urknall' soll es 13,8 Milliarden LJ weit sein). Zwei Giganten waren zusammengestoßen und verschmolzen, die jeweils so viel wogen wie 30 Sonnen. Damit wäre der letzte Baustein für den endgültigen Beweis der Relativitätstheorie gefunden. Einstein selbst hatte es nicht für möglich gehalten, dass sich die extrem kleinen Schwerkraftwellen messen ließen. Ein überraschender Startschuss posthum für eine neue Astronomie des 21. Jh. durch den „Kopernikus des 20. Jh."?

2017 bekommen die drei US-Physiker Rainer Weiss, Kip Thorne und Barry Barish den Nobelpreis für Physik, und zwar „für entscheidende Beiträge… für die Beobachtung von Gravitationswellen". So die offizielle Begründung der Königlich Schwedischen Akademie der Wissenschaften.

http://www.spiegel.de/wissenschaft/mensch/physik-nobelpreis-2017

Exkurs 3

2012: Die Methode K nach wie vor aktuell und erhellend

Ein anschaulicher Nachweis eines expandierenden Universums mithilfe der kopernikanischen Methode aus den USA, (MIT) Massachusetts Institute of Technology:

Lawrence M Krauss, Professor für Physik und Astronomie, („Ein Universum aus Nichts" 2013/ „A Universe from Nothing" 2012) erklärt nachvollziehbar im Gefolge von Georges Lemaitre und Edwin Hubble das expandierende Universum. Er geht dabei wie K vor über 500 Jahren so vor, dass er – auch im Sinne Kants – mit einem fiktiven Standort des Beobachters im All die Perspektive wechselt, ursprünglich die gedankliche Voraussetzung für die sogen. Kopernikanische Wende. „Will man erkennen, was Hubbles *(und Lemaitres)* Gesetz bedeutet, muss man den Aussichtspunkt der eigenen Galaxis mit seinem eingeschränkten Blickfeld verlassen und sich unser Universum von außen ansehen." (Krauss S. 33) Er konstatiert launig, es sei „schwierig, sich außerhalb eines dreidimensionalen Universums aufzustellen", kann aber anhand von schlichten zweidimensionalen bildhaften Grafiken veranschaulichen, wie sich Galaxien aus der jeweiligen Sicht eines Galaxie-Bewohners voneinander entfernen (Krauss, S. 33-34). „Aus der je eigenen Perspektive ist dann jeder Ort das Zentrum des Universums, oder kein Ort ist es. Es spielt keine Rolle, Hubbles Gesetz steht im Einklang mit einem expandierenden Universum." (Krauss, S.34)

Professor Krauss führt brillant und verständlich auf physikalischen Grundlagen aus, dass das Universum durchaus aus dem „Nichts" entstanden sein und wahrscheinlich auch im „Nichts" verschwinden könnte. (s.a. Krauss S.97, Anmerkung 1)

Richard Dawkins, Evolutionsbiologe und Religionskritiker, Professor an der Universität von Oxford, nennt Lawrence M. Krauss den „Darwin der Kosmologie" (Dokumentarfilm „The Unbelievers", Regie Gus Holwerda, 2013, USA: engl. für ‚Die Ungläubigen') -> Kapitel 5.1: Giganten auf den Schultern von Giganten, S. 128 ff. – Ist L. M. Krauss der „Triumph der Physik über die Metaphysik" gelungen? Das behauptet der Professor für Philosophie am Birkbeck-College der Universität London A. C. Grayling, Mitglied der Königlichen Gesellschaft für Literatur und der Königlichen Gesellschaft der Künste.

Zu den „Unbelievers" zählt sich auch Stephen W. Hawking (1942-2018), Astrophysiker und Kopernikaner („Die fünf Klassiker der Physik", Hamburg 2004 Originalausgabe: „On the Shoulders of Giants", Philadelphia 2002)

Zwei Eingeständisse

Eingeständnis 1:

Geozentrismus bestimmt bis heute evident und offensichtlich unvermeidlich unseren bunten Alltag, das Weltgeschehen auch. Aktuelles Beispiel:

Eine neue fälschungssichere Fünf-Euro-Münze mit dem Namen „Planet Erde" kommt zur Freude aller Sammler auf den Markt. Sie zeigt auf der Vorderseite des inneren Kreises den Bundesadler, der äußere Metallring trägt die 12 symbolischen Sterne der Europaflagge. Die Rückseite bringt einen stilisierten Ausschnitt der Weltkarte. Der blaue Kunststoffring soll wie auf der Vorderseite die Erdatmosphäre symbolisieren; der äußere Metallring zeigt das Weltall, das sich, so der Eindruck des Betrachters, um die zur Münze gerundeten zentral gelegenen Erde dreht, was hoffentlich nicht für bare Münze genommen wird.

Eingeständnis 2:
„Die Haupttatsache der Neuzeit ist nicht, dass die Erde um die Sonne läuft, sondern das Geld um die Erde." (Peter Sloterdijk, Weltinnenraum des Kapitals, 2006). Zur landläufigen, den Alltag leitenden astronomischen Geozentrik kommt die kapitalistische Egozentrik, im Volksmund: Wer hat, dem wird gegeben oder auf niederdeutsch: „De Deibel schitt immer up'n grooten Hupen". Über Geldtheorie, über gutes und schlechtes Geld, über die wachsende Armut der Bevölkerung hatte sich der Humanist K schon vor 500 Jahren Gedanken gemacht und war mit der Obrigkeit mit entlarvend deutlicher Sprache ins Gericht gegangen. -> Kap. 4.1: Die vielseitige zweite Lebenshälfte des Kopernikus, S. 84 ff., „Der Ökonom"; S. 92: das „Greshamsche – Kopernikanische Gesetz".

Eine ökonomische ‚Kopernikanische Wende', diesmal des 21. Jahrhunderts im Sinne einer globalen kapitalismuskritischen Umwälzung, scheint nicht in Sicht. «Das Geld zieht nur den Eigennutz an und verführt stets unwiderstehlich zum Missbrauch.» (Albert Einstein 1934). – Oder doch eine Wende im Jahre 2016? Auf dem Gipfeltreffen der führenden Wirtschaftsnationen, der G20 (Gruppe der zwanzig wichtigsten Industrie- und Schwellenländer, darunter die EU), heißt es in der Abschlusserklärung: „Die Vorteile des Wirtschaftswachstums müssen breiter verteilt werden, um die Inklusion zu fördern." Die Trickle-down-Theorie der letzten Jahrzehnte hat sich nicht bestätigt, dass nämlich der Reichtum einiger weniger von oben permanent in die Gesellschaft unten einsickert, weil ja angeblich die Reichen das Geld ausgeben und/ oder Arbeitsplätze schaffen. „Eine Umverteilung des Einkommens wird erwartet …von denen, die viel haben, zu denen, die weniger haben". Chengdu, industrielle Regionalhauptstadt im Südwesten Chinas, 24.07.2016.

Eine geozentrische Wende? Reformen für eine Globalisierung mit menschlichem Antlitz? Das wäre ganz im Sinne des humanistischen Ökonomen und Finanzexperten K vor 500 Jahren, der er auch war!

Albert Einstein wird auch folgendes Zitat zugeschrieben: „Zwei Dinge sind unendlich, das Universum und die menschliche Dummheit, aber bei dem Universum bin ich mir noch nicht ganz sicher."

„Der Kopernikus des 20. Jh."

Einstein (sagt Max Planck)

Mileva Maric 1896

Anmerkung zum Porträt rechts, eine Ehrenrettung:
Einsteins Partnerin, auch in wissenschaftlicher Leidenschaft, ist die Serbin Mileva Maric, Kommilitonin und erste Ehefrau. Sie hat als eine der ersten Frauen ein Mathematik- und Physikstudium absolviert. Er schreibt ihr im Jahr der Heirat 1903, 24jährig: „Wie stolz und glücklich werde ich sein, wenn wir beide zusammen unsere Arbeit über die Relativbewegung siegreich zu Ende geführt haben." – Die Verleihung des Nobelpreises an Einstein folgt 1922: Das Preisgeld (121.572 Schwedische Kronen) lässt er 1923 seiner 1919 von ihm geschiedenen Frau mit den beiden Söhnen zukommen. Mileva starb 1948 vereinsamt in Zürich. – K war kinder-, aber nicht beziehungslos, wie man zu wissen glaubt. https://de.wikipedia.org/wiki/Mileva_Maric

https://de.wikipedia.org/wiki/Aristarchos_von_Samos
*Denkmal des Aristarchos von Samos (um 300 v. Chr.) an der Aristoteles- Universität Thessaloniki, Griechenland, der „griechische Kopernikus".**

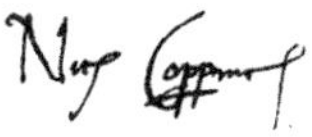

Nic Coppernicus/ Kopernik(us) †1543
und die wichtigsten bekennenden Kopernikaner in den letzten 500 Jahren:

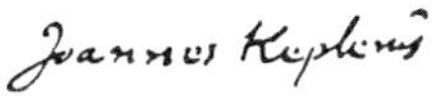

Johannes Kepler(us) † 1630

Galileo Galilei †1642

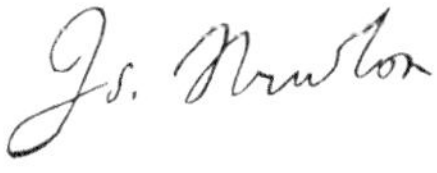

Isaak Newton † 1727
sagte, er stehe „auf den Schultern von Riesen“, also u.a. Galilei, Kepler und K.

Albert Einstein †1955
„Der Kopernikus des 20. Jahrhunderts.“ Max Planck

‚The Big Five‘
Stephen W. Hawking (1942-2018), Astrophysiker und Kopernikaner, stellt „Die fünf Klassiker der Physik“, Hamburg 2004, vor.
Originalausgabe: „On the Shoulders of Giants“, Philadelphia 2002

8. Anhänge

8.1 Kopernikanische Bildergalerie ab 1574, Auswahl

1

2

3

4

5

6

7

8

9

10

11

12

Die Gesichter (Bildausschnitte) sind z. T. einander verblüffend ähnlich. Bild 1 könnte einem verschollenen Selbstbildnis von ca. 1500 entsprechen. Hat es Bild 3 von 1574 als Vorlage gedient? K war da aber schon 31 Jahre tot. Bild 2 ist Ausschnitt aus einem Werk Raffaels (links im Bild), angeblich mit K (rechts/ 1510; die Porträts i. E. Metze 2004). Der Schädel im Bild 10 ist lt. DNA- Analyse von 2008 K zuzuordnen. Die Rekonstruktion des Gesichts in Bild 11 geht vom Schädel aus, die Mimik des 70jährigen ist den Bildvorlagen nachempfunden. Bild 12: Logo aus Festschrift 2008: -> s. S. 207

8.2 Kopernikus (K), chronologische Tabelle

Biografische und zeitgeschichtliche Daten und Orte

1473	**Am 19. Februar 1473 wird Nikolaus Kopernikus in Thorn (poln. Torun) am Nordufer der Weichsel geboren.** Ab 1479 Besuch der Pfarrschule St. Johannes. – Daten zur Mutter S. 27
1483	Tod des Vaters. Vermutlich Besuch des Studien – Partikulars in Kulm bis 1491. (Abschluss Voraussetzung für ein Studium, s.u.)
1489	Sein Vormund, Lukas Watzenrode, wird Fürstbischof von Ermland. Er erinnert den Hochmeister des Deutschen Ritterordens, Königsberg, Preußen, daran, dass der Kampf gegen Ungläubige seine Aufgabe sei und rät ihm, nach Podolien (heute Süd-Ukraine) gegen die Türken zu Felde zu ziehen.
1491	Mit 18 Jahren erwirbt K in Kulm am Studien – Partikular die Würde des „civis academicus“, d.h. die Studienberechtigung. **Er immatrikuliert sich an der Universität Krakau.** Studienfächer: Mathematik, Astronomie
1492	Tod Kasimir IV., Jagiello, poln. König; Nachfolger Johann I. Albrecht
1494	K verläßt (mit Bruder Andreas) die Universität Krakau ohne Abschluß. (Drohte die Pest?)
1495	**Am Kapitel des Ermlandes in Frauenburg wird Kopernikus die Stelle eines Domherrn zugesprochen.** Kanonikat bei der ermländischen Kathedralkirche in Frauenburg; urkundlich: Nicolaus de Thorn, nepos episcopi (Neffe des Bischofs)
1496	**Am 19. Oktober schreibt er sich als Student des kanonischen Rechts an der Universität Bologna ein.** Juristisches Studium (in utroque iure/ beiderlei Rechts, d.h. kirchlich und weltlich) – Eintritt in die Studentenliste „Natio Germanorum“, Eintrag: „Nicolaus Kopperlingk“ statt Koppernigk. Fortsetzung astronomischer Studien.
1497	K beobachtet am 9. März in Bologna die Bedeckung des Aldebaran im Sternbild Stier durch den Mond; seine erste astronomische Notiz
1499	K erwirbt den Magistergrad „in utroque jure“.

1500 **Aufenthalt in Rom, wo er Vorträge hält.** Astronomische Beobachtungen in Bologna – Teilnahme an den Jahrhundertfeiern in Rom – angeblich Berufung durch den Papst zu mathematischen und astronomischen Vorlesungen – Beobachtung einer Mondfinsternis in Rom am 6.November.

1501 Im Sommer kehrt K zurück. Kurzaufenthalt in Frauenburg. Das Domkapitel bewilligt ihm ein Medizinstudium in Padua (bis1503).

1503 Am 31. Mai erhält er den Doktortitel des Rechts an der Universität von Ferrara. Nach seiner Rückkehr nach Polen wohnt er in der Bischofsresidenz Heilsberg. Scholastikus beim Heiligkreuzstift in Breslau – Leibarzt bei seinem Onkel in Heilsberg. Zeitweilig in Krakau. – Es beginnt ein neuer Lebensabschnitt.

1504/06 Teilnahme an Preußischen Landtagen in Marienburg und Elbing und 1506 an der preußischen Ständeversammlung in Marienburg.

!! 1506 In Heilsberg entsteht das astronomische Manifest der Neuzeit: "Commentariolus" (Entwurf): die heliozentrische Planetentheorie mit der Sonne als Zentrum der (damals) bekannten Welt; die Lehre steht im Gegensatz zur im Mittelalter geltenden geozentrischen Lehre des Ptolemäus mit der Erde als Zentrum. Beobachtungen mit selbst gebauten Instrumenten.
Leonardo da Vinci: „Mona Lisa“ entsteht bis 1506, Kolumbus †

1508 Papst Julius II. genehmigt im November die Annahme weiterer Benefizien (‚Studienstipendium')

1509 **Die Übersetzung der „Briefe“ des byzantinischen Schriftstellers Theophilactus Simocattes von K erscheint in Krakau.** Übersetzung aus dem Griechischen – 2. Juni Beobachtung einer Mondfinsternis in Frauenburg.

1510 **K lässt sich in Frauenburg nieder.** Erstmals zum Kanzler des ermländischen Domkapitels gewählt – Verpflichtende Residenz in Frauenburg ab 1512.

1511 Mit Fabian von Lossainen Visitation der Kammerämter Allenstein und Mehlsack; 7.10. Mondfinsternis in Frauenburg beobachtet.

1512 Domherr in Frauenburg. Astronomische Studien: Marsbeobachtungen am 1. Januar und 5. Juni – Tod des Onkels Bischof Lukas Watzenrode; Fabian von Lossainen wird Bischof vom Ermland.

1514 **K läßt sich in Frauenburg eine Plattform für Himmelsbeobachtungen bauen. Der Commentariolus, ein erster Entwurf seines astronomischen Systems, erscheint in Krakau.** Mitarbeit an der Kalenderreform – Saturnbeobachtungen am 25. Februar und 5. Mai in Frauenburg. – Beginn der Niederschrift von „De Revolutionibus".

1515 **K reicht schriftlich seine Vorschläge für die Kalenderreform ein.** Kaiser Maximilian I. zieht seine Hand vom Deutschen Orden zurück, dessen Hochmeister seit 1510 Albrecht von Brandenburg ist. Mehrere Himmelsbeobachtungen K' in Frauenburg

1516 **K wird Landprobst der Güter des Kapitels Allenstein.** Er ist Administrator des Domkapitels mit Residenz in Allenstein.

1517 K verfasst eine lateinische Denkschrift zur Münzreform.

1518 Himmelsbeobachtungen in Allenstein am 7. Juni/ 12. Dezember.

1519 Wahl zum Kanzler des Domkapitels – Denkschrift von 1517 auf Deutsch zur Münzreform für die Preußische Ständeversammlung, den Landtag in Graudenz 1522.

1519 Fabian von Lossainen wird Fürstbischof des Ermlands – Petrikauer Vertrag (Einschränkungen für die Bischofswahl im Ermland)

1520 Reiterkrieg – K rüstet die Burg Allenstein zur Verteidigung gegen den Deutschen Ritterorden, dessen Söldner ins Ermland eindringen. Er verlegt die Residenz nach der Zerstörung Frauenburgs nach Allenstein – die Administration der Kapitelgüter wird dem Kanzler übertragen – Himmelsbeobachtungen in Allenstein.

1521 Tiedemann Giese wird Administrator der Güter des Domkapitels im Ermland – Rückkehr nach Frauenburg am 21. August – Wiederaufbau der Domburg – dort Residenz – mit Giese zum Landtag nach Graudenz – Beschwerde über das Verhalten des Ordens. Der Kaiser vermittelt einen vierjährigen Waffenstillstand.

1522 Himmelsbeobachtungen in Frauenburg – Mondfinsternis, s.S. 180

1523 Fabian von Lossainen stirbt – für die Sedisvakanz wird K Generaladministrator des Fürstbistums – Mauritius Ferber wird Fürstbischof des Ermlands – Hochmeister Albrecht von Brandenburg hört in Nürnberg eine Predigt Osianders – heimlich sucht er Martin Luther auf, der ihm empfiehlt, den Orden aufzugeben und ein evangelisches Herzogtum Preußen zu schaffen.

1525 Wahl des K zum Kanzler des Domkapitels in Frauenburg.

1524 Himmelsbeobachtungen in Frauenburg – staatsmännische Aktionen im Zusammenhang mit dem Deutschen Orden.

1525 **Der Deutsche Orden wird aufgelöst.** Friede zu Krakau – Säkularisierung des Ordensstaates – der Orden verlegt seine Residenz nach Mergentheim und wählt Walter von Cronberg zum neuen Hochmeister – Albrecht von Brandenburg-Ansbach wird Herzog von Preußen und führt in seinem Land die Reformation ein – Säkularisierung der Bistümer Pomesanien und Samland – das Ermland bleibt autonomes Fürstbistum – Kaiser und Papst verweigern dem Krakauer Vertrag die Zustimmung („Krakauer Kuhhandel").

1526 Teilnahme am Landtag in Heilsberg – Mitarbeit an der ermländischen Landesordnung – Entwurf einer Landkarte Kgr. Polen/Hztm. Litauen – 28.11. Himmelsbeobachtung in Frauenburg

1527 Himmelsbeobachtungen in Frauenburg

1528/30 Berater bei der Münzreform; Wahl zum Kanzler des Domkapitels

1529 K zeichnet eine Karte des Herzogtums Preußens

1530 Vorläufiger Abschluss seines Hauptwerks „De revolutionibus"; Schwierigkeiten bei der Erklärung der Planetenbewegungen, die er als kreisförmig (statt elliptisch) ansieht.

1531 Als Arzt bei Bischof Ferber in Heilsberg

1532 Niederschrift von „De Revolutionibus" abgeschlossen.

1533 Widmanstadt trägt Papst Clemens VII. die Lehre des K vor.

1534 Beobachtung der Mondfinsternis am 20. Januar in Frauenburg.

1535 K gibt Almanach zur Verbreitung der astronomischen Tafeln frei.

1536 Kardinal Nikolaus von Schönberg bittet K um eine Abschrift von „De Revolutionibus".

1537 Tod des Bischofs Mauritius Ferber – K ist Mittestamentsvollstrecker und sein Freund Tiedemann Giese schlägt ihn als neuen Bischof vor – die Wahl fällt auf Johannes Dantiscus von Höfen.

1538 Als Arzt bei Bischof Dantiscus in Heilsberg – Verzicht auf die Einkünfte aus der Scholasterie Breslau.

1539 **Rheticus reist zu K, um dessen Lehre kennenzulernen. Im Herbst veröffentlicht Rheticus die „Narratio prima"** – einen ‚ersten Bericht' über K' heliozentrische Astronomie. Sonnenfinsternis am 18. April in Frauenburg; K bei seinem Freund Tiedemann Giese in Löbau.

1540 Die „Narratio prima" des Rheticus wird mit Genehmigung K' bei Rhode in Danzig gedruckt. Beobachtung der totalen Sonnenfinsternis, 6. April in Frauenburg

1541 Übernahme des Dombauamtes in Frauenburg. Als Arzt zu Georg von Kunheim nach Königsberg gerufen. Zweiter Druck der „Narratio" erscheint in Basel. Letzte Überarbeitung des Hauptwerkes „De Revolutionibus"

1542 **Rheticus veröffentlicht die Schrift „De lateribus“ von K, die Problemen der Trigonometrie gewidmet ist:** Auszüge aus „De Revolutionibus“ unter dem Titel „De lateribus et angulis triangulorum“ in Wittenberg Niederschrift der Widmung an Papst Paul III. und Druckbeginn von „De Revolutionibus“ bei Petrejus in

!! 1543 **Das kopernikanische Hauptwerk „De revolutionibus“ erscheint. Ein erstes Exemplar erhält der schwerkranke Verfasser auf dem Totenbett. Am 24. Mai stirbt Kopernikus in Frauenburg. Beisetzung im Frauenburger Dom.**

Die Daten sind aus verschiedenen Schriften über K zusammengetragen. Persönliche und allgemeine Angaben zur historischen Situation, die nicht immer widerspruchsfrei sind, werden berücksichtigt und möglichst sinnvoll eingepasst. Zentrale lebensgeschichtliche Daten zu K entsprechen einer Auswahl nach Shea (Nikolaus Kopernikus – Der Begründer des modernen Weltbildes. 2003) und sind **im Schriftbild fett hervorgehoben. Bei Shea fehlt das wichtige Jahr 1506: Niederschrift „Commentariolus“ (Entwurf).**

8.3 Astronomische Beobachtungen des K

27 Sterndaten in 32 Jahren, von ihm selbst in „De revolutionibus“ (1543) überliefert: von 1497 (9.03., Bologna) bis 1529 (12.03., Frauenburg)

Verzeichniss der Beobachtungen des Coppernicus, welche in dem Werke de revolutionibus orbium caelestium erwähnt werden.

Nr.	Datum.	Ort.	Gegenstand der Beobachtung.	Stelle. Buch	Kap.
1	1497 März 9	Bologna	Bedeckung des Aldebaran durch den Mond	4	27
2	1500 November 6	Rom	Mondfinsterniss	4	14
3	1509 Juni 2	Frauenburg od. Krakau (?)	Mondfinsterniss	4	13
4	1511 Oktober 6	Frauenburg	Mondfinsterniss	4	5
5	1512 Januar 1	Frauenburg	Ortsbestimmung des Mars	5	19
6	1512 Juni 5	Frauenburg	Opposition des Mars mit der Sonne	5	16
7	1514 Februar 25	Frauenburg	Ortsbestimmung des Saturn	5	9
8	1514 Mai 5	Frauenburg	Opposition des Saturn mit der Sonne	5	6
9	1515 September 14	Frauenburg	Bestimmung der Herbst-Nachtgleiche	3	13 u. 18
10	1515 ?	Frauenburg	Spica, Vorrücken der Nachtgleichen	3	2
11	1515 ?	Frauenburg	Bestimmung des Apogeums der Sonne	3	16
12	1516 März 12	Frauenburg	Bestimmung der Frühlings-Nachtgleiche	3	13
13	1518 December 12	Frauenburg	Opposition des Mars mit der Sonne	5	16
14	1520 Februar 18	Frauenburg	Ortsbestimmung des Jupiter	5	14
15	1520 April 30	Frauenburg	Opposition des Jupiter mit der Sonne	5	11
16	1520 Juli 13	Frauenburg	Opposition des Saturn mit der Sonne	5	6
17	1522 September 5	Frauenburg	Mondfinsterniss	4	5
18	1522 September 27	Frauenburg	Zenith-Distanz des Mondes	4	16
19	1523 Februar 22	Frauenburg	Opposition des Mars mit der Sonne	5	16
20	1523 August 25	Frauenburg	Mondfinsterniss	4	5
21	1524 August 7	Frauenburg	Zenith-Distanz des Mondes	4	16
22	1525 April 17	Frauenburg	Bestimmung der Frühlings-Nachtgleiche	3	12
23	1525 ?	Frauenburg	Spica, Vorrücken der Nachtgleichen	3	2
24	1526 November 28	Frauenburg	Opposition des Jupiter mit der Sonne	5	11
25	1527 Oktober 10	Frauenburg	Opposition des Saturn mit der Sonne	5	6
26	1529 Februar 1	Frauenburg	Opposition des Jupiter mit der Sonne	5	11
27	1529 März 12	Frauenburg	Bedeckung der Venus durch den Mond	5	23

Sodann berichtet Coppernicus, Buch 3. Kap. 6, dass er seit dreissig Jahren häufige Beobachtungen über die Schiefe der Ekliptik angestellt hat.

Aus: **Prowe, Leopold:** Nicolaus Coppernicus, 2 Bd., Leben/ Urkundenband, Berlin 1883/1884. S.61 – Die Biografie Prowes ist die erste umfassende und bis heute im Wesentlichen gültige Lebensbeschreibung des Astronomen K. Den „Coppernicus“ (Konsonantenverdopplung) hat man Prowe nicht abgenommen. Seit dem neuen Duden von 1880 gilt eingedeutscht Kopernikus.
http://de.wikisource.org/wiki/Leopold_Prowe#Werke_.28Auswahl.29

8.4 Zwei Rebellen im Humanismus des 16. Jh.

Kopernikus † 1543 und Luther † 1546, ein gezielter biografischer Vergleich

1505/ 1506

L: Am 5. Juli 1505 wird der 22jährige L bei Erfurt von einem schweren Gewitter überrascht; er legt, so die Legende, in Todesangst das Gelübde ab, Mönch zu werden, und tritt in das dortige Augustinerkloster ein. Statt wie geplant Jura studiert er jetzt Theologie und lehrt ab 1512 als Professor für Bibelkunde in Wittenberg. Mit 24 Jahren wird er 1507 Diakon und dann Priester.

K: K verfasst 1506 in Heilsberg/ Lidzbark mit 33 Jahren das heliozentrische Manifest „Commentariolus" (‚Entwurf'), dessen Kernaussagen er in seinem Hauptwerk von 1543 wissenschaftlich entfaltet. Sein inspirierendes Erlebnis zur Neuentdeckung des Himmels hat er mit 24 Jahren am 9. März 1497 in Bologna bei einer Mondbeobachtung. 1495 wird er Diakon und Domherr. Er studiert Jura, Astronomie und Medizin, keine Theologie, wird also nicht Priester. (1506: Der Weltentdecker Kolumbus stirbt vereinsamt.)

1517

L: Proklamation „*95 Thesen*" gegen die Papstkirche und ihre Ablasspraxis in Wittenberg am 31. Oktober, der sog. „Reformationstag" bis heute; die Reformation und die Spaltung der Christenheit beginnt. L ist 34 Jahre alt. 1522: sprachmächtige Übersetzung des Neuen Testaments vom Lateinischen ins Deutsche, bis 1534 des Alten Testaments. Der Kurfürst Friedrich der Weise hat ihn 1521 nach Kirchenbann und Reichsacht vor den Schergen von Papst und Kaiser auf der Wartburg in Thüringen in Sicherheit gebracht.

K: ‚Monetae cudendae ratio', 1. Fassung einer Abhandlung 1517 in Latein; in Deutsch 1522, eine Denkschrift über das preußische Münzwesen. K fordert eine Währungs- und Wirtschaftsunion für das Fürstbistum Ermland, das Herzogtum Preußen und das Königreich Polen gegen den „Verfall des Preußenlandes", „unseres lieben Vaterlandes". K ist 44 Jahre alt. Die Denkschrift ist die Grundlage für das spätere ‚Greshamsche-Kopernikanische Gesetz' (Mitte 16. Jh.). K formuliert als erster die „Quantitätstheorie" des Geldes, wonach Inflation durch die Zunahme einer entwerteten Geldmenge entsteht.

1526

L: Hexenpredigt, 6. Mai: „Die Zauberinnen sollen getötet werden, weil sie Diebe sind, Ehebrecher, Räuber, Mörder...Also sollen sie getötet werden..., weil sie Umgang mit dem Satan haben." (30 Hexenpredigten Luthers 1516 bis 1540). L: „Je mehr man predigt, desto toller wird die Welt."

K: Teilnahme am Landtag in Heilsberg/ Ermland – Mitarbeit an einer ermländischen Landesordnung – Vorträge zu seiner Denkschrift über das Münzwesen, z. B. auf dem Landtag in Heilsberg (3. Fassung 1526; s.o. 1517).

1543

L: „*Von den Juden und ihren Lügen*" – L fordert drei Jahre vor seinem Tod in einer letzten Hetzschrift, die Synagogen niederzubrennen und die Juden aus ihren Häusern zu vertreiben. Sie werden durch eine Verordnung des sächsischen Kurfürsten auch aus Eisleben verbannt.

K: Das Lebenswerk „Über die Umdrehungen (der Himmelskörper)", Grundlagenwerk für Astronomie und Astrophysik der Neuzeit, wird in seinem Todesjahr 1543 veröffentlicht. – Luther stirbt drei Jahre nach K.

8.5 Montaigne und Kopernik*us* im (Elfenbein-) Turm

Zwei Humanisten der frühen Neuzeit, in Verse gebracht

Montaigne – Turm
Chateau de Montaigne
Libourne im Périgord / Dordogne

Kopernikus – Turm
Domburg Frauenburg/ Frombork
Ermland/ Masuren / Braniewo

Zwei Humanisten im ersten Jahrhundert der Neuzeit: der Domherr K, erster Astronom, und der Bürgermeister (von Bordeaux 1581-85) und Philosoph Montaigne, erster Essayist; s.a. S. 95

Walter Helmut Fritz *1929 – †20.11.2010

Montaigne 1533 – 1592

Möglichst oft
Schleicht er in seine Bibliothek
Im dritten Stock seines Turms.

Sechzehn Schritte im Durchmesser.
Platz für einen Tisch
Und einen Stuhl.
Drei Fenster.

Unter sich sieht er
Den Garten, die Ställe, den Hof.

Er notiert etwas,
blättert in diesem,
dann in einem anderen Buch,
ohne Plan.

Die Übung, die notwendig ist,
um das abgelegene
runde Zimmer zu erreichen,
macht ihm Vergnügen bis zuletzt.

*

Dank für die Vorlage an W. H. Fritz: S.K. ->

Sigfrid Krebs *1943

Koperni*kus* 1473 – 1543

Im Dunkeln oft
- Magie der Sterne! -
besteigt er seinen Turm.

Die Sternwarte im dritten Stock,
sechzehn Schritt' im Durchmesser,
Platz für Tisch, Stuhl, den Dreistab:
Im nächtlichen Fernblick
fünf Wandelsterne, der launige Mond,
Vermessung des Sternenheers.

Ordnung im blinkenden Chaos sieht er,
den Nachthimmel stets aufgeräumt,
das Antlitz Gottes gestirnt.

Er skizziert, notiert noch was,
studiert im Kerzenschein in diesem,
dann einem anderen Buch,
sein Weltprinzip stets im Kopf.

Die Übung, die notwendig ist,
um das hoch gelegene
geheime Zimmer zu erreichen,
beschwingt ihn bis zuletzt.

8.6 Der Astronom Kopernik spricht mit Gott

Der polnische Maler Jan Matejko war dabei: 1873 (oben) und 1872 (unten).

Jan Matejko, „Der Astronom Kopernik spricht mit Gott", 1873, Öl auf Leinwand, 221 x 315cm, Museum der Jagellonen–Universität Krakau
Das unten wiedergegebene Gemälde ist im Jahr zuvor entstanden; es wirkt expressiver im Malstil, enthält aber einen technikgeschichtlichen Fehler zu seinen Füßen. Deswegen 1873 noch mal! *http://de.wikipedia.org/wiki/Jan_Matejko*

http://www.torun.webd.pl/kopernik/kopernikd.jpg

8.7 1837: Nach 300 Jahren der heliozentrische Beweis

Der Astronom Friedrich Wilhelm Bessel bestätigt K mit dem Stern 61 Cygni

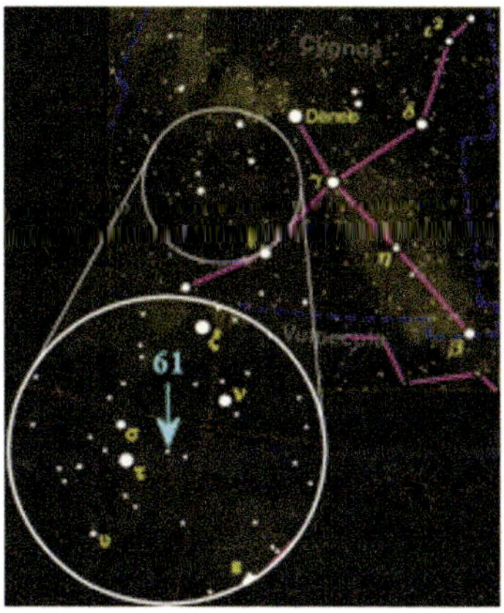

de.wikipedia.org/wiki/61_Cygn - rechts:www.maa.mhn.de/Maps/Pics/cygnus_fig.gif

1837: Der Astronom Friedrich Wilhelm Bessel weist auf der Sternwarte Königsberg anhand des Doppelsterns *61 Cygni* den Parallaxeneffekt nach, nämlich dass der Doppelstern vor dem Hintergrund weit entfernter Sterne durch die Umdrehung der Erde um die Sonne im Jahresverlauf eine andere scheinbare Position einnimmt. Damit konnte das kopernikanische System nach 300 Jahren erstmals experimentell (mit Hilfe eines Heliometers/ Teleskop) bewiesen werden.
61 Cygni ist ein Doppelstern im sommerlichen Sternbild Schwan am Nordhimmel (lateinisch Cygnus), ca. elf Lichtjahre von der Sonne (und der Erde) entfernt, und gehört damit zu den sonnennächsten Sternen. Der Doppelstern hat annähernd die Größe der Sonne, die, von ihm aus gesehen, fürs bloße Auge nicht sichtbar wäre.

1837: Der deutschlandweit bekannte Pfarrer Wilhelm Hey dichtet und wir können das Volkslied andächtig mitsingen:
Weißt du wie viel Sterne stehen/ an dem blauen Himmelszelt? ... Gott, der Herr, hat sie gezählet/ dass ihm auch nicht eines fehlet/ an der ganzen großen Zahl... (in: Evangelisches Gesangbuch)

Das eingängige religiös gestimmte Kinderlied stammt aus dem astronomisch bemerkenswerten Jahr 1837 (s. o. Bessel), die Melodie zum glücklichen Einschlafen: eine bekannte Volksweise. Das Lied ist noch 75

Jahre später verpflichtender Unterrichtsinhalt der 1. Schulklasse in Preußen (1912).

Hier also das stimmungsvolle Sternenlied aus dem religiösen Volksvermögen, dort im selben Jahr wissenschaftlicher Fortschritt mit der Vermessung am Himmel. Astronomie und Kosmologie sind in Deutschland keine verpflichtenden Unterrichtsinhalte, weder in Physik noch in Geografie. Wilhelm Heys Musik kennt jedes Kind.

2016: *STAR TREK*/ Science Fiction: Der Stern *61 Cygni* (s.o.) in der Fernsehserie *Star Trek*, heißt *Tellar* und ist der Heimatplanet des Volkes der *Tellariten*. Die Handlung der US- Fernsehserie der 1990er Jahren spielt im 24. Jh. Die Fortsetzung folgt als Spielfilm: *STAR TREK BEYOND*, Regie Justin Lin, USA 2016 – Tellus, lat.: die römische Göttin *Mutter Erde*. Die „Tellariten" werden als schweineähnliche *Humanoide*, also menschenähnliche Zweibeiner, dargestellt. –

2017/ 2018: *Cygnus* (Schwan) heißt der Raumfrachter via ISS (Internationale Raumstation, das größte, seit 2000 bewohnte Objekt im Erdorbit), am 12.11.2017 gestartet. Vgl. a. -> Kapitel 6.: AVE! - Kopernikus lässt grüßen. Blick auf die dritte Kreisbahn im All, S. 147ff. „Seit dem 8. Juni 2018 experimentiert der deutsche Astronaut Alexander Gerst auf der Internationalen Raumstation (ISS)."

„Gerst führt an Bord der ISS viele wissenschaftliche Versuche durch. Deutsche Universitäten, Forschungseinrichtungen und Firmen sowie das Deutsche Zentrum für Luft- und Raumfahrt DLR haben rund 40 Experimente zur Mission Horizons beigesteuert. Die Versuche sollen Fragen aus Biologie und Medizin beantworten. Weitere Wissenschaftsgebiete sind (Astro-)Physik, Materialwissenschaft und Technologie. Außerdem gibt es auch ein Bildungsprogramm für Kinder und Jugendliche." Aus: https://www.br.de/themen/wissen/alexander-gerst-iss-live-all-100.html

Das Logo der zweiten ISS-Mission von Alexander Gerst: Horizons, Bild: ESA/Steinbeis Beratungszentrum/Hochschule Darmstadt, CC BY-SA 3.0 IGO

9. Das Kopernikanische Prinzip bis morgen

Das Heraklische Prinzip der Selbsthilfe

Der „Kategorische Imperativ“ der „Kopernikanischen Wende“ lautet: Nur Mut!

„Aufklärung ist der Ausgang des Menschen aus seiner selbstverschuldeten Unmündigkeit. Unmündigkeit ist das Unvermögen, sich seines Verstandes ohne Leitung eines anderen zu bedienen. **Selbstverschuldet** ist diese Unmündigkeit, wenn die Ursache derselben nicht am Mangel des Verstandes, sondern der Entschließung und des Mutes liegt, sich seiner ohne Leitung eines andern zu bedienen. **Sapere aude!** Habe Mut, dich deines **eigenen** Verstandes zu bedienen! ist also der Wahlspruch der Aufklärung.“ (Fettdruck S.K.)

Nur Mut! Sapere aude! fordert Immanuel Kant kategorisch vom Menschen (aus: Beantwortung der Frage: Was ist Aufklärung? 1784, 1. Satz). – Selbst denken!? So einfach ist das? –

©VIA GAG.COM
Ohne Scherz: Kant konnte das Philosophieren/ „Philosophizing“ über all die menschlichen Grundsatzfragen konsequenterweise nicht lassen: ‚He can't!‘

Immanuel Kant, * 22. April 1724 in Königsberg, Preußen; † 12. Februar 1804 ebd. - Ein unermüdlich rational gestimmter Denker mit vier zentralen Fragen, die er in seinem umfangreichen, epochalen Werk aus der sog. Aufklärung (ca. 1650 – 1800, eine geistige und soziale Reformbewegung im 17. und 18. Jahrhundert) beantwortet: Was kann ich wissen? - Was soll ich tun? – Was darf ich hoffen? – Was ist der Mensch?

Kants Leitspruch der Aufklärung aus dem Jahr 1784 setzt auf das autonome, freie Individuum: **„Habe Mut, dich deines eigenen Verstandes**

zu bedienen!" So beantwortet Kant in „Kritik der praktischen Vernunft" (1788) auf den Punkt gebracht seine zweite Grundsatzfrage: „Was soll ich tun?"

Einwand: Erst einmal müsste allerdings der menschliche Wille bereit sein, das Diktat, den Rat der Vernunft zu akzeptieren. Auch dazu gehört Mut.

Sollte jemand noch nicht die beiden Schlagworte: **Kategorischer Imperativ** und **Kopernikanische Wende** gehört haben? In ihrem Sinnzusammenhang wohl eher nicht. Sie sind beide Immanuel Kant zuzuordnen, dem wichtigsten deutschen Philosophen der Aufklärung. Er schuf in der Philosophie eine neue, umfassende Perspektive, mit beispielloser Auswirkung auf die Wissenschaftsgeschichte, den gesellschaftlichen Fortschritt und unseren Alltag. K hatte ihn inspiriert.

Kant - Gedenktafel 1955, Rathaus Duisburg, Patenstadt Königsbergs (https://de.wikipedia.org/wiki/Kantiana#Kants_Grab) - Zitat aus: I. Kant, „Kritik der praktischen Vernunft, Kapitel 34, Beschluss" (1788), erster Satz

In der Inschrift auf seinem Grabstein zum 100. Geburtstag (ursprünglich am Königsberger Schloss/ Preußen; Original seit Weltkriegsende 1945 verschollen) charakterisiert sich der Denker umfassend in einem Satz: „Zwei Dinge erfüllen das Gemüt mit immer neuer und zunehmender Bewunderung und Ehrfurcht, je öfter und anhaltender sich das Nachdenken damit beschäftigt: Der bestirnte Himmel über mir und das moralische Gesetz in mir." Aus: I. Kant, Kritik der praktischen Vernunft, Kapitel 34, Beschluss" (1788), erster Satz.

Kants Schlagwort von der **Kopernikanischen Wende** bezeichnet den Schritt zum kopernikanischen, d. h. heliozentrischen Prinzip, den K zum Beginn der Neuzeit nach 1500 als Erster gemacht hat. Der „bestirnte Himmel" (s. Inschrift des Grabsteins: bei K das „Antlitz Gottes") ist der kosmische, jetzt ins Unendliche erweiterte Ort der neuen Erkenntnis; die Erde ist nur ein kleiner Planet unter all den anderen Abermilliarden Gestirnen, ein Staubkorn im Uni-, im Multi- oder (mittlerweile gesteigert) im Pluriversum. Die neuzeitlichen Wissenschaften werden im Sinn des Kopernikanischen Prinzips seit Kant auf eine korrigierte Grundlage gestellt und damit weit über die Astronomie hinaus revolutioniert, so das einmütige Urteil moderner Wissenschaftsgeschichtler.

K ist 300 Jahre vor Kant der prominente nordeuropäische Vertreter der Renaissance, d. h. ein universal gebildeter und entschlossen handelnder Mensch. -> Kapitel 4.1: L' Uomo Universale - Der Frauenburger Universalist 1510 bis 1543, S. 83ff. Beide Gelehrten lebten im eher kühlen Nordosten des damaligen Preußen, Kant in Königsberg, heute russisch Kaliningrad, und K eine Tagereise weit entfernt in Frauenburg, heute polnisch Frombork. Preußen bezeichnet K als sein „Heimatland".

Der Humanismus, die wesentliche Geistesbewegung der Renaissance, hatte den Anspruch, möglichst alle Menschen zu bilden; auch den Frauen stand die aktive Teilnahme an der humanistischen Kultur offen. Jedem Menschen sollte die bestmögliche Persönlichkeitsentfaltung zugestanden werden.

Den Anspruch **„Habe Mut, dich deines eigenen Verstandes zu bedienen!"** setzt später der Kant'sche **Kategorische Imperativ** als praktikabel bzw. verwirklicht voraus, wenn er von jedem Menschen fordert: „Handle so, dass die Maxime deines Willens jederzeit zugleich als Prinzip einer allgemeinen Gesetzgebung gelten könne." Dies „Grundgesetz der reinen praktischen Vernunft" (§7) bringt „das moralische Gesetz in mir" (Inschrift des Grabsteins s.o.) zum Ausdruck. Es ist eine Antwort auf die zweite zentrale Frage Kants: Was soll ich tun? Handeln im Sinne der Menschheit und der Menschlichkeit!

Kant fordert für die Philosophie der Zukunft eine „Umänderung der Denkart", wie sie K in der Kosmologie vollbracht habe. Er bezeichnet ihn als „Urheber" dieser „Denkart".

Seit dem 19. Jahrhundert gibt es in der Wissenschaft die Formel von sprichwörtlich gewordenen **Kopernikanischen Wenden.** In der Kopernikanischen Wende im Sinne Kants richtet der wissenschaftliche Erkenntnistheoretiker den Blick vom empirisch (anscheinend objektiv) Gegebenen zurück auf das Subjekt. Was für unsere Augen, unsere Sinne, evident ist, muss nicht wirklich so sein. K hatte beim Blick in den Kosmos „den Mut", sich seines „eigenen Verstandes zu bedienen" – die Reformer Luther, Melanchthon in astronomischer Hinsicht jedenfalls nicht -, den Perspektivwechsel zu probieren und in 36jähriger Arbeit das heliozentrische Weltbild gegen den Geozentrismus des Zeitgeists und die 1800jährige wissenschaftliche Tradition seit Aristoteles zu Papier zu bringen. -> Kapitel 7: Die Kopernikanische Wende, „Königin der Revolution", S. 157ff. Er hatte im Sinne Kants die „Denkart" geändert, virtuell mit umgekehrter Perspektive aus dem Kosmos auf die Erde geblickt und die neue jetzt heliozentrische Erkenntnis gewonnen.

Damit ist K ein Kantianer der ersten Stunde und Kant ein Kopernikaner im Zeitalter der Aufklärung. Kant rückt die Vernunft als erkenntnisleitend ins Zentrum (seine sogen. „Transzendentalphilosophie" leitet einen Paradigmenwechsel ein), wie zuvor K im „Kopernikanischen Prinzip" die Sonne zentriert. Diesem Erkenntnisfortschritt sollten weitere folgen.

Die Geschichte der neuzeitlichen Wissenschaft ist eine Folge von Paradigmenwechseln. Was gestern noch galt, ist vielleicht heute schon wissenschaftlich falsifiziert. So nüchtern sieht auch der Astrophysiker Stephen Hawking (1942 – 2018) seine eigene wissenschaftliche Arbeit, z. B. zu den sogen. Schwarzen Löchern im Zentrum der Galaxien. > Kap. 10: Das Universum ist nicht zu fassen, S. 195ff.

Zwei Fragen zur „Münchhausen-Methode"

Eine Bronze-Skulptur, Bildhauer A. J. Orlow in Moskau 2008 http://www.geschichtsatlas.de/~gi3/spuren/pferdim-morast.html

Frage 1: Ist nicht das humanistische Ideal des selbstbestimmten Individuums, das später auch in der Aufklärung den Ton angibt, nur eine grundsätzliche, theoretische Denkweise, ein Paradigma der Wissenschaftsgeschichte geblieben? Nicht mehr!? Intellektuelle Ausnahmen wie K bestätigen die Regel. -> Kapitel 5.1.: Giganten auf den Schultern von Giganten, S. 128ff.

Frage 2: Wie viele der 1 Milliarde Erdbewohner um 1800 hatten die Chance, sich gemäß dem **kategorischen Imperativ** selbstbestimmt zu verhalten (um 1900 dann schon 2 Milliarden)? „Was soll ich tun?" lässt Kant seinen philosophischen Klienten fragen und antwortet für ihn gleich mit: „Habe Mut dich deines eigenen Verstandes zu bedienen!" Wer von 7,3 Milliarden Mitbewohnern kann sich heute dessen wirksam bedienen? Eine erfolgreiche Bewältigung rationaler Anstrengung im bildungshumanistischen Sinne bleibt ein utopisches Fernziel in der Dystopie des gegenwärtigen Alltags. Die globalen und regionalen Hürden der Selbstbestimmung derzeit heißen Analphabetismus und Armut. In Afrikas Subsahara können 90% der Kinder nicht hinreichend lesen. Jede vierte Grundschule dort ist ohne elektrischen Strom.

Aus den 80er Jahren des 18. Jahrhundert stammen – wie Kants Definition der Aufklärung - die bis heute beliebten skurrilen Lügengeschichten des historischen Barons von Münchhausen, weitererzählt von Gottfried August Bürger in „Wunderbare Reisen zu Wasser und zu Lande – Feldzüge und lustige Abenteuer des Freiherrn von Münchhausen", 1786. Die Abenteuergeschichte, in der sich der Lügenbaron Münchhausen am eigenen Zopf aus dem Sumpf gezogen haben will, lebt im Begriff „Münchhausen-Methode" fort, nach der jede(r) sich ohne die im Grunde erforderliche Hilfe von außen durch eigene Kraft aus einer Notlage befreien kann. Nur Mut!? Der Soldatenzopf des fiktiven Münchhausens (s. Bild S. 191) gehörte zur militärischen Haartracht im 18. Jahrhundert und darüber hinaus. Setzt sich hier der historische Baron mit der zeitgenössischen Individualphilosophie des damals schon europaweit berühmten Philosophen satirisch auseinander? >www.munchhausen.org/pdf/zopf und die dialektik.pdf.

Der Gedanke der Selbsthilfe ist alt, z. B. schon Thema des griechischen Fabeldichters Äsop (um 600 v. Chr.): ein Ochsentreiber bleibt trotz Anrufung der Götter mit seinem Karren kläglich im Morast stecken; Herakles, Halbgott, Held und Tatmensch, schimpft mit ihm und macht ihm mit Erfolg schließlich Beine, sich selbst zu helfen. Lästerliches Sprichwort: Hilf dir selbst, so hilft dir Gott! Von wirksamer göttlicher Hilfe ist bei Äsop, Kant oder Münchhausen nicht die Rede.

Bürgers Zopf-Episode von 1786 setzt sich, wie man also denken könnte, kritisch mit Kants etwas früherer Definition der Aufklärung (1784) auseinander: **„Aufklärung ist der Ausgang des Menschen aus seiner selbstverschuldeten Unmündigkeit...** *(usw. s.o.)*... Sapere aude! Habe Mut, dich deines **eigenen** Verstandes zu bedienen! Ist also der Wahlspruch der Aufklärung." Die Praktikabilität und erfolgreiche Wirksamkeit des „Wahlspruchs" steht nach wie vor auf dem Prüfstand. Die Redewendung vom „eigenen Zopf", an dem man sich selbst aus dem Sumpf zieht, ist als spaßiger Selbstbetrug ins Volksvermögen eingegangen.

Voltaire, der große französische Aufklärer, zeitgenössisches Pendant zu Kant, hatte schon 1759 seine eigene ‚Münchhausiade' in der satirischen Novelle „Candide oder der Optimismus" als naive Utopie des einfachen Mannes vom selbstbestimmten Leben zu Papier gebracht. Der Philosoph stand unter dem Eindruck des verheerenden Erdbebens von Lissabon am 1. November 1755, des schutzlosen Ausgeliefertseins des Menschen angesichts der Katastrophen des Lebens. Die portugiesische Hauptstadt war durch das Erdbeben, einen anschließenden Tsunami und Großbrand weitgehend zerstört worden und hatte als Ort des Untergangs die Welt in Schrecken versetzt (wie z. B. auch die Katastrophe in Fukushima in Japan im März 2011 weltweit entsetzt und existenzielle Hilflosigkeit vor Ort verbreitet hat).

Die berühmte Reaktion der Titelfigur Candide auf Überlegungen im Kreise seiner ständig unverdrossen in verschiedensten Lebenssituationen scheiternden Weggefährten, was im Chaos der Welt zu tun sei, damit man über die Runden kommt, lautet im Schlusssatz, ganz konkret, schlicht und kategorisch: "Il faut cultiver notre jardin." („Wir müssen unseren Garten bestellen.") Nur der eigene Hausgarten zählt noch als scheinbar sicherer biotopischer Lebensraum. Candide glaubt sich vorm Chaos der Welt retten zu können, eine Chance zu nutzen, die er nicht hat. Er ist letztlich eine tragische Figur, lebensnah und in die Literaturgeschichte eingegangen, bleibt gegenwärtig, von so manchem amüsierten Ignoranten als unterhaltsam fiktiv belächelt. Die Verlustängste der Menschen in der Welt des 21. Jahrhunderts sind nicht weniger gravierend.- Da hat auch Kant hat ein Einsehen und relativiert seinen hohen rationalen Anspruch: „Da aber unser Schicksal in der künftigen Welt vermutlich sehr darauf ankommen mag, wie wir unseren Posten in der gegenwärtigen verwaltet haben, so schließe ich mit demjenigen, was Voltaire seinen ehrlichen Candide, nach so viel unnützen Schulstreitigkeiten, zum Beschlusse sagen lässt: *Laßt uns unser Glück besorgen, in den Garten gehen, und arbeiten.*" Aus: I. Kant, Träume eines Geistersehers, erläutert durch Träume der Metaphysik. 1762, Schlusssatz.

KANT Sapere aude! Nur Mut! Selbst denken!? **VOLTAIRE**
Spöttisch-kritische Denkansätze philosophischer Zeitgenossen im 18. Jahrhundert

Voltaire, französischer sarkastischer Aufklärer, über Vernunft:

„In einer irrsinnigen Welt vernünftig sein zu wollen, ist schon wieder ein Irrsinn für sich.“ - In Frankreich nennt man das 18. Jahrhundert auch *Le siècle de Voltaire,* „das Jahrhundert Voltaires“.

Kant, Vater der modernen Philosophie, über Voltaire und das Lachen:

Voltaire sage, der Himmel habe uns zum Gegengewicht gegen die vielen Mühseligkeiten des Lebens zwei Dinge gegeben: die Hoffnung und den Schlaf. Er hätte noch das Lachen dazu rechnen können. Das Lachen sei der Lebenskraft zuträglich, denn es fördere die Verdauung.- Soweit ein philosophischer Extrakt des Aufklärers Kant. In Deutschland nennt man das 18. Jahrhundert auch „das Jahrhundert Kants“.

K, Ahn der neuzeitlichen Kosmologie und Humanist im 16. Jh.

Der Denkansatz des seinerseits um ‚Aufklärung‘ bemühten geduldigen Menschenfreunds K ist das Kopernikanische Prinzip: Der Mensch nimmt keine ausgezeichnete, spezielle Stellung im Kosmos ein. Dazu muss man von sich selbst absehen können. Der Astronom K über die Grundlage menschlicher Selbsterkenntnis („Commentariolus“ 1506):

1. „Der Mittelpunkt der Erde ist nicht der Mittelpunkt der Welt.“
2. „Nun ist es aber die Erde (und nicht der Himmel), von wo aus der Umlauf des Himmels beobachtet und unserem Gesichtsfeld dargestellt wird.“
3. „Das Auge hält sich nämlich überall für den Mittelpunkt der Sphäre alles ringsum Sichtbaren.“ Dazu der verständnisvolle Humanist K, der nachsichtige und geduldige Menschenfreund:
4. „Es kommt ja nicht darauf an, wenn wir - dasjenige, was jene *(die Geozentriker, der Verf.)* durch die ruhende Erde und die sich drehende Welt erklären, aus dem entgegengesetzten Gesichtspunkte betrachtend - zu demselben Ziele gelangen; weil es sich bei den Dingen, die wechselseitig sind, so verhält, dass das einander Entgegengesetzte übereinstimmt.“ (N.K. Commentariolus 1506)

Die Kopernikanische Wende müsste sich also erst einmal in den Köpfen der Menschen vollziehen. Dabei ist K in bester aristotelischer Manier bemüht, nicht die „Wahrheit“ apodiktisch festzustellen, sondern auch die Ursache des Irrtums mit zu bedenken, damit das Umdenken dem Irrenden umso leichter gelinge. Er gibt einen Anstoß; Spottist ihm fremd.

Im 21. Jahrhundert glauben wir es noch besser zu wissen: „Götter, Nationen, Geld, Menschenrechte und Gesetze gibt es gar nicht – sie existieren nur in unserer kollektiven Vorstellungswelt.“ -> s. S. 160; Harari 2013, S. 40f.

10. Das Universum ist nicht zu fassen

10.1. Drei (oder vier) kosmisch Kopernikanische Revolutionen

K stürzt vor 500 Jahren den Himmel um, wenn er virtuell aus dem All auf eine bewegliche Erde schaut, sie als dritten Planeten im Sonnenumlauf sieht und ihren "Schätzwert Null im Vergleich zur Größe des Himmels" bestimmt. Ein Sandkorn wäre größer. Sein vorerst ganz persönlicher Referenzrahmen mit der Sonne, den sechs fürs Auge (ohne Hilfsmittel) sichtbaren Planeten und dem Fixsternhimmel im Hintergrund ist jetzt heliozentrisch angelegt. Die Erde als ‚Radnabe' im kosmischen Kreisverkehr hat ausgedient, das Sonnenrad bestimmt (vorerst) den Himmelslauf. Dem Titel seines genialen Epochenwerks „De Revolutionibus Orbium Coelestium" von 1543 fehlt der damals plakativ wagemutige Zusatz „Circum Solem": Über die Umläufe der Himmelskörper - um die Sonne herum. Doch die Menschen müssen im Folgenden weiter umdenken, sich selbst neu erden und in Wissenschaftskreisen schließlich feststellen, dass im 21. Jahrhundert ein Mittelpunkt wie ehedem die Sonne generell verloren gegangen ist, nur der Startpunkt ist geblieben, nämlich der sogen. Urknall vor 13,4 Milliarden Jahren, wo auch immer.

> *Der Revolution mit K am Himmel folgt 300 Jahre später auf Erden, ähnlich grandios gedacht, der Gedanke der biologischen Evolution durch Charles Darwins Schöpfergeist. Der Homo sapiens, der anatomisch moderne Mensch, ist wohl vor weit über 60.000 Jahren per natürlicher Evolution mit einem Ich- und Wir- Bewusstsein zur Selbsterkenntnis gelangt und aus Afrika in den Norden u. a. nach Europa migriert. Für Bibelgläubige, Kreationisten, Evangelikale ist dagegen die Schöpfungswoche vor 6000 Jahren historisch. Sollte an einem Samstag die historische Stunde Adams und Evas geschlagen haben? Die Vertreibung irgendwann aus dem Paradies ist ein untauglicher Mythos für die Entwicklungsgeschichte, was z. B. ca. 40% der Nordamerikaner und Europäer bis heute nicht verstehen kann und auch nicht wahrhaben will. Die Wissenschaft hat auch hier bislang unumkehrbare Erkenntnisse vorgelegt (Dawkins 2012, 481ff.).*

Heliozentrik unterliegt heute in ihrer Dimensionalität nicht mehr einem „Schätzwert" lt. K, sondern wird mit Mathematik als Grundlagenwissenschaft, speziell der Astrophysik, professionell berechnet. Das Sonnensystem hat eine Ausdehnung von sechs Milliarden Kilometern, das ist ca. 40mal der Abstand von der Erde zur nachbarlichen Sonne und reicht weit hinaus bis zum sogen. ‚Kuipergürtel' als kreisender Grenzregion, einer

Häufung von Asteroiden und kometenähnlichen Eis- und Gesteinskörpern jenseits des uns geläufigen Planetensystems. Bis dahin reicht die von der Sonne ausgehende Anziehungskraft, die Gravitation. Die Entfernung bis zum ‚Kuipergürtel' beträgt 240 Lichtjahre, und das Licht der Sonne kommt auf der Erde in wenigen achteinhalb Minuten an – welch unvorstellbare unermessliche Dimensionen! Das Universum ist nicht zu fassen. - Aber: Dies Sonnensystem, so die Astrophysiker*innen unserer Zeit, ist Teil unserer Milchstraße, einer Galaxie mit 100 bis 300 Milliarden Sternen in etlichen weiteren Sonnensystemen. Und jenseits der heimischen ‚Milchstraße' gibt es hundert Milliarden weiterer Galaxien. Deren gesamte Räumlichkeit macht angeblich erst einmal nur 5% des uns bekannten materialen Kosmos aus. Dazu kämen 25% irgendwie wirkungsmächtige sogen. Dunkle Materie plus 70% sogen. Dunkle Energie. Und: Insgesamt leben wir in einem kosmischen Gesamtkomplex mit zentrifugaler rasender Ausbreitung Richtung Ewigkeit, schneller als das Licht. Verstehe das, wer will. Mysterium Universum!

Ist im frühen 21. Jahrhundert eine weitere kosmisch Kopernikanische Revolution zu erwarten? Folgende Frage wäre zu beantworten: Woraus besteht diese unsichtbare, bisher unbekannte „Dunkle Materie", die den sich ausbreitenden Kosmos nachweislich stabilisieren, d. h. zusammenhalten soll? Eine bahnbrechende wissenschaftliche und metaphysische Entdeckung steht an, die die heutige Weltsicht mal wieder grundlegend infrage stellen könnte. Dem findigen Kosmologen wäre alle Achtung! ein Nobelpreis sicher.

Die **erste** Kopernikanische Revolution, das Original des Namenspatrons K, brachte, wie wir wissen, vor 500 Jahren den Abschied vom geozentrischen Weltbild: die Erde wird nach einer 2500jährigen Sonderstellung zu einem von anfangs sechs, dann acht Sonnenplaneten. In der Astronomie des 18. Jahrhunderts wird das heliozentrische System noch als Zentrum der ‚Milchstraße' gesehen. Im 20. Jahrhundert erleben wir nun die **zweite** und die **dritte** Kopernikanische Revolution: zweitens ist das heliozentrische System nur eines von Tausenden am Rande unserer Heimatgalaxie, im Zentrum ein sogen. Schwarzes Loch. Drittens werden weitere Milliarden Galaxien ‚gezählt', und es steht fest: der inflationäre Kosmos hat endgültig keinen Mittelpunkt mehr, um den sich etwas drehen könnte. Was also genau, wäre die Frage, bewirkt in diesem Stadium wissenschaftlicher Erkenntnis die Dunkle Materie, woraus besteht sie? Wer ist der Nachfolger Einsteins, der Kopernikus des 20. Jahrhunderts, und wird der Kopernikus des 21., der sie beantwortet?
> Dokumentation von 2011: Regie: Cécile Denjean, Frankreich 2011, ARTE F https://www.arte.tv/de/videos/043872-000-A/das-raetsel-der-dunklen-materie/

In der Astrophysik des 21. Jahrhunderts hat sich an K' Angabe „Schätzwert Null" der Erde (s.o.) im Vergleich zur unermesslichen Weite des gesamten Kosmos nichts geändert – Null bleibt Null, und der Homo sapiens als Quantenpünktchen mittendrin ist und bleibt erkenntnistheoretisch und -praktisch überfordert, befangen in seiner essenziellen Alltagswelt wie der Candide Voltaires, verständlich um seine schwankenden Lebensumstände besorgt. Wie könnte er diese Dimensionen begreifen und zu sich persönlich und seinem Leben in Beziehung setzen? Helfen uns Religion und/ oder Wissenschaft weiter? - „Wir sind aus solchem Stoff wie Träume sind, und unser kleines Leben liegt im Schlaf", philosophiert der zeitweilig entmachtete Herzog und Zauberer „Prospero" in: „Der Sturm", Theaterstück/ Romanze von William Shakespeare, Uraufführung 1611 in London. Porträt im Folgenden vermutlich William Shakespeare 1610:

https://de.wikipedia.org/wiki/William_Shakespeare

10.2. Sieben Fragen an das Universum heute*

1. Ein Ende der Anfang? Vor dem Urknall ist nach dem Urknall

Die älteste Wissenschaft ist die Astronomie und ihre Königsdisziplin die Kosmologie. Sie fragt nach dem Ursprung der Welt. Der Urknall?! Was vor dem Urknall war, ist nach dem berühmtesten Theoretischen Astrophysiker unserer Tage Stephen Hawking (1943 - 2018) eine sinnlose Frage wie die, was nördlich des Nordpols liege. Hier drei Antwortvarianten aus der Kosmologie heute:

1.1. ‚Unser' Universum hatte einen Vorgänger, der sich vor 13,4 Milliarden Jahren auf nicht vorstellbare Art und Weise neu materialisiert hat, wie wir es hier und heute in einem minimalen irdischen Ausschnitt sehen und erleben

.

oder

1.2. ‚Unser' Universum ist das Ergebnis zweier kollidierenden Universen in einer elfdimensionalen Raumzeit (u. a. Neil Turok, Paul Steinhard).

oder

1.3. Die Theorie von einem ‚Multiversum' nimmt unendlich viele Paralleluniversen an, die alle aus einem eigenen Urknall entstanden sind (u.a. Dieter Lüst, Max Tegmark). Es hat also unendlich oft ‚geknallt' und ‚knallt' auch weiterhin.

Weiß die liebe Leserschaft jetzt entscheidend mehr? Und Gott - wo im neusten Multiversum? Das müssten sich gläubige Monotheisten, knapp die Hälfte der Menschheit, fragen. „Gott aber, unserm Vater, sei Ehre von Ewigkeit zu Ewigkeit! Amen." Brief des Paulus an die Römer (11,36/ Neues Testament) ...von Universum zu Universum! Amen.

Atheisten wie Stephen Hawking winken ab. Wenn der nächste Vorhang für uns aufgeht, bleiben dennoch alle Fragen offen. Lehrt uns ersatzweise die Religion, damit zufrieden zu sein, dass wir die Welt nicht verstehen? Das konstatiert rhetorisch der Professor der Evolutionsbiologie Richard Dawkins, überzeugter Darwinist, in seiner Monografie: The God Delusion (2006)/ Der Gotteswahn (2007). Er hält Wissenschaft und Glaube für unvereinbar. Die Evolutionsgeschichte zeige es. Und Immanuell Kant († 1804) schimpft in bemerkenswerter Offenheit schon 1784: *„Faulheit und Feigheit sind die Ursachen, warum ein so großer Teil der Menschen, nachdem sie die Natur längst von fremder Leitung freigesprochen (...), dennoch gerne zeitlebens unmündig bleiben; und warum es anderen so leicht wird, sich zu deren Vormündern aufzuwerfen. Es ist so bequem, unmündig zu sein."* (aus: Beantwortung der Frage: Was ist Aufklärung? Berlin 1784). Und Sie, liebe Leserin, lieber Leser? Ist der Urknall ein Gottesbeweis, wie Papst Pius XII. 1951 hoch erfreut verkündete?

Und hier eine vierte Antwortvariante: Wie hat sich unsere Vorstellung vom Ursprung aller Dinge entwickelt? fragt der Professor für Theoretische Physik und Astrophysik Lawrence M. Krauss in: Ein Universum aus Nichts... und warum da trotzdem etwas ist (2013; A Universe from Nothing 2012). Er stellt physikalische Überlegungen an, nach denen das Universum aus einem instabilen Nichts hervorgegangen ist und auch im Nichts verschwinden wird. Wie begonnen, so zerronnen? Das Nachwort schreibt der Evolutionsbiologe Richard Dawkins (s.o.) und nennt den Astrophysiker Krauss den „Darwin der Kosmologie". Ob es auch in anderen Universen biologische Evolutionen nach irdischem Muster (oder ähnlich) gibt?

2. Die Suche nach der Weltformel („Theory of Everything“). Ob es die überhaupt gibt?

Woraus besteht das All? Der Gelehrte Dr. Heinrich Faustus quält sich in seiner Studierstube im 16. Jahrhundert damit, „daß ich erkenne, was die Welt/ Im Innersten zusammenhält/…“ in: Johann Wolfgang von Goethe: Faust I, Eine Tragödie, Kapitel 4, Vers 382f. (1808). Knapp 500 Jahre später glauben Kosmologen genau darüber etwas zu wissen:

‚Normale‘ Materie aus Atomen und Molekülen soll fünf Prozent unseres menschlich erdachten Universums ausmachen und durch ‚Gravitation‘, die dieses materiale Universum dominiert, zusammengehalten werden. Aber das Universum expandiert unabsehbar immer schneller, so Wissenschaftler*innen heute, und zwar schneller als die Lichtgeschwindigkeit (s.o. S. 196). Das bewirke eine eingestandenermaßen ‚geheimnisvolle‘ Kraft, die als ‚Antigravitation‘ im überwältigenden ‚Rest‘ von 95 Prozent des Weltinnenraumes magisch-zentrifugale Kräfte in die ferne Ewigkeit entwickelt, nämlich (s. o.) Dunkle Materie (ca. 25 Prozent) und Dunkle Energie (70 Prozent). Nur so glaubt man die dramatisch zunehmende Geschwindigkeit erklären zu können, mit der sichtbare Sterne das Zentrum ihrer Galaxien umkreisen. Ob die Gravitation also letztlich doch anders funktioniert, als zuerst nach Isaak Newton (dreidimensional) und noch anders dann Albert Einstein (in der vierdimensionalen Raumzeit) dachten? Sollte man sich von dem Gedanken einer griffigen Weltformel verabschieden? (Siehe 5.)

Eine Theorie gilt wissenschaftlich unbestritten nur so lange, bis sie nicht falsifiziert ist. Für die „Theory of Everything“, die Weltformel der Quantengravitation, wäre ein Kopernikus des 21. Jahrhunderts zuständig.

3. Die verzerrte, eigentlich gerade Linie der Umlaufbahn der Erde

Ohne die grundlegenden genialen Erkenntnisse von K, Kepler, Galilei und Newton wäre Einstein nicht der „Kopernikus des 20. Jahrhunderts“ (so Max Planck) geworden. Wer wird jetzt der K des 21.?

Newtons Theorie der Gravitation, der Schwerkraft, mit der seit dem 18. Jahrhundert sensationell u. a. die Gezeiten der Meere erklärt werden konnten – was nach wie vor überzeugt -, wird durch Einstein im Prinzip korrigiert. Seine Relativitätstheorie sagt uns z. B.: die Masse der Sonne verzerre die eigentlich gerade Linie der bewegten Erde im Weltraum. Demnach wäre die Schwerkraft im Sinne Newtons entkräftet und würde durch die Krümmung des Raums ersetzt. Der Nachweis von Gravitationswellen im Raum hat 2006 Einsteins Theorie bestätigt. Die Schwerkraft scheint als einzige Naturkraft eine Eigenschaft des Raumes selbst zu sein. Was könnte sie in einem mehrdimensionalen Raum bewirken? Was sagt der K des 21. Jahrhunderts dazu - oder sein Team?

4. Was wissen wir über unsere kosmische Nachbarschaft?

K ist der Urahn aller Kosmologen der Neuzeit bis heute. Nach über 2500 Jahren geozentrischer Astronomie-Geschichte zeigt er auf, dass sich vor dem Fixsternhimmel die planetarischen Himmelskörper um die Sonne und nicht um die Erde drehen und um diese der Mond als allererster bekannter Trabant. Und da wir in den letzten 500 Jahren technikgestützt immer weiter blicken und hören können, wissen wir, dass die Sonne in ihrer Galaxie ‚Milchstraße' mit ihrem eigenen Planetensystem unter Milliarden anderen Sonnensystemen um ein Kraftzentrum, ein sogen. „Schwarzes Loch", kreist. Weitere Abermilliarden anderer Galaxien mit „Schwarzen Löchern" sind in ständiger gravitationsbedingter Bewegung in einem sich ausweitenden Universum von schließlich doch nur fünf Prozent (s.o.) eines Gesamtuniversums unterwegs. Da ist sich die Wissenschaft ziemlich einig.

Was können wir wissen? Ist eine der fünf zentralen Fragen des Aufklärers Immanuel Kant, die Bescheidenheit nahelegt. Die Größe der Erde bemisst K knapp 300 Jahre vor Kant mit dem „Schätzwert Null im Vergleich zur Größe des (*heliozentrischen*) Himmels". Gilt der „Schätzwert Null" auch für die Größe unserer Heimatgalaxie, der Milchstraße, im Verhältnis zur unendlichen Weite des beobachtbaren Universums? Gilt dieser „Schätzwert" auch für deren „Galaxiengruppe", eine Ansammlung von 50 Galaxien mit einem Durchmesser von 10 Millionen Lichtjahren?

Gemessen an dem, was wir wissen müssten, um kosmologisch belastbare Aussagen zu machen, schlicht um durchzublicken, wissen wir heute relativ nicht viel mehr als K, dem sein geschlossenes heliozentrisches System Halt im Glauben geben konnte. Der Sternenhimmel war für ihn das „Antlitz Gottes", ein schönes Bild. Damit war er dem noch aus der Antike tradierten Deismus näher als dem Monotheismus, den die drei abrahamitischen Buchreligionen predigen.

Welche „Spur zum lebendigen Gott" führt uns heute? Für Friedrich Ostermann bietet der Sankt-Paulus-Dom in Münster unter diesem Buchtitel den lokalen Wegweiser für ratlose Gläubige zum unverbrüchlichen Glauben. Der Bildband des Weihbischofs erzählt die Geschichte der Architektur des Doms und seines künstlerischen Werts – ein in der heutigen Form knapp acht Jahrhunderte altes mächtiges Bauwerk, in dem ein persönlicher Gott in Gestalt geweihter Oblaten im Tabernakel nahe dem Altar wohnt (Münster 2018; 48 Seiten). Der romanische und später gotische Dom als gewaltiger Weltinnenraum, dessen ehrfurchtgebietende Größe und Wirkung im Kontrast zu den beengten privaten Behausungen der eingeschüchterten Gläubigen ringsum im Mittelalter stand. Der „lebendige Gott" im Paulus- Dom müsste heute gleichzeitig auch in der Dunklen Energie und der Dunklen Materie eine Heimstatt haben, den 95% des denkbaren und den Menschen sonst nur ansatzweise bekannten endlosen, ehrfurchtgebietenden Universums. Was sagt dazu ein Weihbischof?

Mit der Expansion des Universums expandiert auch die Zahl der Atheisten, schätzungsweise derzeit 40 Prozent in der westlichen Welt. Die Aufklärung, der wissenschaftlicher Fortschritt, hat in den letzten 200 Jahren den Religionen, ihren Gläubigen, den vertrauensvollen Rückhalt genommen. Aber: Ist nicht auch der Atheismus eine Glaubensform? Nicht Gott hat die Menschen, sondern die Menschen haben die Götter geschaffen - und sind heute auf der („quasireligiösen") Suche nach einer Weltformel.

5. Andere Naturgesetze in den Universen eines Multiversums?

Die String- Theoretiker sind seit 1970 die führende Fraktion in der Theoretischen Physik. Sie denken den Raum nicht in den üblichen nachvollziehbaren drei Dimensionen, auch nicht in einer vierdimensionalen Raumzeit nach Einstein, sondern konstatieren zehn Dimensionen. Die Theorie geht davon aus, dass Materie letztlich aus winzigen, nicht wahrnehmbaren sogen. Strings, eindimensionalen Teilchen, aufgebaut ist. Mithilfe von Gravitationswellen sollen die gedachten Dimensionen der Strings sichtbar gemacht werden.

Die Forscher der neuen Dimensionalitäten sind auf der Suche nach ihrer Weltformel und vertreten die Hypothese eines Multiversums, in dem diverse Universen in je einem eigenen Urknall entstanden sind. Naturgesetze wie Einsteins weltberühmte Formel E=mc2 der Relativitätstheorie oder Naturkonstanten wie die Lichtgeschwindigkeit könnten zufällig von Universum zu Universum irgendwie variieren. Materie könnte entstehen, entstanden sein oder nicht, ebenso eine andere Menschheit - oder nicht. Darwins Theorem der natürlichen Evolution durch Selektion als Möglichkeit der schrittweisen Entstehung der Arten über Jahrmillionen auch in einem weiteren Universum der Nachbarschaft?

Kreationisten vor allem in den USA glauben nach wie vor an die Einzigartigkeit dieser Erde, an eine einzige irdische Woche der Schöpfung (Kreation) Gottes vor 6000 Jahren und der Erschaffung Adams und Evas am Samstag. „Am Sonntag aber ruhte Gott." (1. Mose,2). Dazu I. Kant kursiv oben S. 198.

Fraglich bleibt, ob die String-Hypothese überhaupt durch Beobachtungen in einem unauffindbaren Paralleluniversum überprüft werden könnte; sie ließe sich weder verifizieren noch falsifizieren, was gegenwärtig unabdingbar wissenschaftlicher Standard wäre. Mancher String-Guru könnte seiner Theorie zuliebe gern auf dies Dogma verzichten. Nobelpreisträger Robert Laughlin empfiehlt, sich von der Suche nach einer Weltformel zu verabschieden; die Frage danach hält er für „quasireligiös" (Nobelpreis für Physik 1998; http://www.spiegel.de/spiegel/print/d-55231886; R. Laughlin, Abschied von der Weltformel. Die Neuerfindung der Physik, 2007).

6. Wohin führt ein Schwarzes Loch im Zentrum einer Galaxie?

Die ungeheure Masse eines Schwarzen Lochs (Black Hole) im galaktischen Zentrum zieht alle Materie in sich hinein, ohne sie wieder loszulassen, auch das Licht nicht. Die Gravitation soll unerbittlich sein.

Astronomen bestätigen dies jetzt mit Messungen und Beobachtungen in der Milchstraße, unserer Heimatgalaxie, durch ein Very Large Telescope (VLT). Ein Forscherteam der Europäischen Südsternwarte hat 2018 anhand eines Schwarzen Lochs Einsteins Relativitätstheorie vor 100 Jahren bestätigt. Als Testobjekt beobachteten sie einen Stern, der im Abstand von 14 Milliarden Kilometern in wachsendem Tempo (bei wachsender röter werdenden Lichtwellenlänge) immer näher um das Schwarze Loch kreist. Sein anzunehmender Sturz irgendwann ins Schwarze scheint Umkehr auszuschließen.

Nobelpreis für Physik 2020 halbert: an Roger Penrose „für die Entdeckung, dass die Bildung von Schwarzen Löchern eine robuste Vorhersage der Allgemeinen Relativitätstheorie ist" *(Albert Einstein, der „Kopernikus des 20. Jahrhunderts" lt. Max Planck, S.K.)* und an Reinhard Genzel und Andrea Ghez „für die Entdeckung eines supermassereichen, kompakten Objekts im Zentrum der Milchstraße".
https://www.weltderphysik.de/thema/nobelpreis/nobelpreis-fuer-physik-2020/

7. Ein Ende mit Schrecken - frühestens in 2,8 Milliarden Jahren

Dazu drei alternative Fragen der kosmologischen Wissenschaft:

1. Wird die Ausdehnung des Weltalls durch die Gravitation abgebremst, und wird es eines Tages in sich zusammenbrechen? (‚Big Crunch')
2. Wird unsere Heimatgalaxie durch die Dunkle Materie erst einmal stabilisiert, aber das Universum der Milliarden Galaxien sich immer schneller und immer weiter ausdehnen, bis nur verdampfende Schwarze Löcher und absolute, kalte erstarrende Dunkelheit übrig bleiben? (‚Big Freeze')

3. Treibt die Kraft der Dunklen Energie die Galaxien auseinander, sodass es den Raum endgültig zerreißt? (Big Rip)
Crunch (Knirschen), Freeze (Erstarren), Rip (Zerreißen) – entscheiden Sie selbst, werte Leserin, werter Leser, es hängt ja für Sie davon vorerst nichts ab.

Und hier spricht noch einmal K: Er schaut beim nächtlichen Blick zum Sternenhimmel das „Antlitz Gottes", wie er in De Revolutionibus (1543) schreibt. Dass das lang gezogene strahlende nächtliche Lichtband über seinem Kopf - im Sommer wegen der Schrägstellung der Erdachse im Nordsüdverlauf - die flach gewölbte Scheibe der Milchstraße zeigt, entzog sich seiner Anschauung, auch dass er nach oben auf seine Heimatgalaxie schaut, in der er seinen historisch unbestreitbar bedeutenden Platz hat.

Und was sehen Sie nachts beim andächtigen Hinaufschaun, liebe Leserin, lieber Leser? ‚Ihre' Milchstraße …

… mit dem „Schätzwert Null im Vergleich zur Größe des Himmels", hätte K uns heute wohl gesagt. Dies galt noch 1543 nur für die Erde. Am Kopernikanischen Prinzip hat sich seitdem nichts geändert.

---

* Anregung/ Information zu 10.2 „Fragen…" in: „7 Fragen an das Universum", DIE ZEIT Nr.13, 22. März 2018, S.37. - Fünf Wissenschaftsjournalisten suchen nach Antworten: Max Rauner, Ulrich Schnabel, Tobias Hürter, Stefanie Kara, Stefan Schmitt

11. Medienauswahl, unvollständig

Dokumentation, Übersetzung, weiterführende Literatur, Roman, Video/ Film, CD-Rom. - Der große Film zu Kopernik*us* fehlt noch, wie z.B. „Luther" USA, D, GB 2003, von Eric Till (Regie). Dazu als Anregung (und Herausforderung) eine ideologisch einseitige Filmvorlage nach Vorgaben des ‚Sozialistischen Realismus': Petelski, Ewa und Czeslaw (Regie), „Kopernik", DDR, PL 1972, gedreht zum 500. Geburtstag des N.K. 1973

Dokumentation, Übersetzung

Kopernikus, Nikolaus: De Revolutionibus:
- *Online-Quellen,* deutsch und lateinisch, unter De Revolutionibus Orbium Coelestium unter Wikipedia, freie Enzyklopädie
- Ausgewählte Texte, lateinisch und deutsch, in: Zekl, Hans Günter, Nicolaus Copernicus, Das neue Weltbild (2006) – s.u.
- **Nicolaus Copernicus Gesamtausgabe** (s. a. folgend Bd. IX)

Hrsg. v. Folkerts, Menso / Nobis, Heribert M. / Kirschner, Stefan / Kühne, Andreas.de Gruyter Berlin 1974ff.
Nicolaus Copernicus, Gesamtausgabe, Band IX Biographia Copernicana, Die Copernicus-Biographien des 16.-18.Jahrhunderts, Texte und Übersetzungen, Bearbeitet von Andreas Kühne, Stephan Kirschner und Gudula Metze (Copernicus-Porträts), Akademie Verlag Berlin 2004- s.u. Metze, Gudula 2004
!! **Hawking, Stephen** (Herausgeber): Die Klassiker der Physik, 2002., deutsch Hamburg 2004 (Die wichtigsten Quellen von Kopernikus, Galilei, Kepler, Newton und Einstein mit einer Einleitung von St. Hawking)
!! **Zekl, Hans Günter,** Nicolaus Copernikus, Das neue Weltbild 2006, Verlag Meiner. (empfehlens- und preiswertes Taschenbuch von 252 Seiten) - Zekl ist in dieser Schrift Herausgeber und Übersetzer und schreibt eine umfassende fundierte Einleitung. - Sonderausgabe aus der Reihe „Philosophische Bibliothek" Bd. 300 – Zentrale Texte Lateinisch-Deutsch: „Commentariolus"/ Entwurf (1506) und De Revolutionibus (1543),Bd. I

Weiterführende Literatur, z. B.:

Bethell, Jean: Berühmte Wissenschaftler, Nürnberg, 1987
Blumenberg, Hans: Die Genesis der kopernikanischen Welt (3 Bände). Frankfurt a.M. 1975/ TB 1981 - Bd.I Die Zweideutigkeit des Himmels; Eröffnung der Möglichkeit eines Kopernikus.- Bd. II Typologie der frühen Wirkungen; Der Stillstand des Himmels und der Fortgang der Zeit.- Bd. III Der kopernikanische Komparativ; Die kopernikanische Optik

Bührke, Thomas: „Vielleicht ist noch nie eine größere Forderung an die Menschheit geschehen." – Nikolaus Kopernikus (1473-1543), in: Sternstunden der Astronomie – Von Kopernikus bis Oppenheimer, München 2001 (Beck Taschenbuch)
Carrier, Martin: Nikolaus Kopernikus. München 2001
Danielson, Dennis R.: The First Copernican: Georg Joachim Rheticus and the Rise of the Copernican Revolution, New York 2006
Faller, Ulf: Der lange Schatten des Kopernikus - wie die moderne Kosmologie den christlichen Anthropozentrismus überwindet. Baden-Baden 2018
Freely, John: Kopernikus, Revolutionär des Himmels, Stuttgart 2015 (London 2014)
Hamel, Jürgen: Nicolaus Copernicus. Leben, Werk und Wirkung. Spektrum Akademischer Verlag, Heidelberg 1994
Hamel, Jürgen: Herausgeber: Geschichte der Astronomie. In Texten von Hesiod bis Hubbel, Essen 2004
Hansen, Horst: Die kopernikanische Wende in die Ästhetik, Ernst Bloch und der Geist seiner Zeit, Würzburg 1998 (Epistemata: Reihe Philosophie, Bd.221)
Harari. Yuval, Noah: Eine kurze Geschichte der Menschheit, hebräisch Or Yehuda 2011; deutsch: München 2013
Hermanowski, Georg: Nikolaus Kopernikus, Zwischen Mittelalter und Neuzeit, Graz, Wien, Köln, 1985
Kesten, Hermann: Copernicus und seine Welt. Biografie. München 1973 (New York 1948)
Kirchhoff, Jochen: Kopernikus mit Selbstzeugnissen und Bilddokumenten, Rowohlt 1985
Koestler, Arthur: Der zaghafte Kanonikus (d.i. Kopernikus, S.K.), in: Die Nachtwandler, Die Entstehungsgeschichte unsrer Welterkenntnis, 1980 (Suhrkamp TB 579), S.117 – 219; Original: The Sleepwalkers, A History of Man's Changing Vision of the Universe. Hutshinson 1959
Krauss, Lawrence M.: „Ein Universum aus Nichts" München 2013 (Originaltitel „A Universe from Nothing" 2012)
Kuhn, Thomas S., Die Kopernikanische Revolution(1957), deutsch 1981
Lemanski, Jens, „Die Königin der Revolution. Zur Rettung und Erhaltung der Kopernikanischen Wende" (Kant-Studien 103. Jg. 2012, Heft 4, S. 448-471)
Metze, Gudula: Die Entwicklung der Copernicus - Porträts vom 16. bis zum 18. Jahrhundert, Dissertation, München 2004 - http://www.gn.geschichte. uni-münchen.de/ personen/mitarbeiter/ kuehne/publ _kuehne/ index.html
Müller, Oliver: Nikolaus Kopernikus, 1473 bis 1543, Als die Zukunft erwachte, in: Festschrift des Kopernikus- Gymnasiums Neubeckum von 1993, S. 18 – 24; s.u. Festschrift 1993 (Abitur am KGN im selben Jahr)

Prowe, Leopold: Nicolaus Coppernicus, 2 Bd., Leben/ Urkundenband, Berlin 1883/1884. Texte online:
http://de.wikisource.org/wiki/Leopold_Prowe#Werke_.28Auswahl.29
Shea, William R.: Nikolaus Kopernikus –Der Begründer des modernen Weltbildes. In: Spektrum der Wissenschaft, Biographie 1/2003, Heidelberg
Sentker, Andreas, Wigger, Frank (Herausgeber): Faszination Kosmos Mit einem Nachwort von Rudolf Kippenhahn
Sobel, Dava: Und die Sonne stand still: wie Kopernikus unser Weltbild revolutionierte (+ Theaterstück, Zweiakter, s.u.), Berlin 2012 (New York 2011)
Sommerfeld, Erich (Hrsg.): *Die Geldlehre des Nicolaus Copernicus.* 1978

Roman, Filmmitschrift, Theaterstück

Banville, John: Doktor Kopernikus. Frankfurt a.M. 1999 (Originalausgabe London 1976), Roman
Krebs, Monika (seit 2011 Krebse): Filmskript, Übersetzung aus dem Polnischen. Mitschrift des Films von E. und C. Petelski, „Kopernik“ 1972. - M. K., D 48231 Warendorf, Münsterwall 55, Filmskript/ Mitschrift 2008/ privat
Langner, Rainer: Kopernikus in der verbotenen Stadt. Wie der Jesuit Johannes Schreck das Wissen der Ketzer nach China brachte, Frankfurt a.M. 2007 (Historischer Roman)
Marx, Christoph Andreas: Das Geheimnis des unendlichen Raums (historischer Kriminalroman), Freiburg i. B. 2015
Sobel, Dava: Und die Sonne stand still, Ein Stück in zwei Akten. In: Sobel Dava, s.o., S. 125 – 239; S. 173
Strube, Wilhelm: Domherr und Astronom. Ein biografischer Roman über Nicolaus Copernicus, Berlin 1977
Strube, Wilhelm: Wagnis und Furcht des Nicolaus Copernicus; biografischer Roman. Mitautorin Helga Strube (überarb. und erw. Neuausgabe), München 1996
Vandenberg, Philipp: Der Fluch des Kopernikus. Ein Renaissance-Roman, Bergisch-Gladbach 1996

Video/ Film (Skript)/ CD-ROM

Landesmedienzentrum SW: Das Weltbild des Nikolaus Kopernikus (15’), Physik-Meilensteine der Naturwissenschaft und Technik, Mediennr. 4285814
Petelski, Ewa und Czeslaw (Regie), „Kopernik” (DDR/ PL 1972), Film Producers Agency, ul. Wisniowa 56, 02-520 Warszawa

(Eine durchaus spannende, aber auch tendenziöse, sozialistisch-fiktive Filmbiografie zum 500. Geburtstag des Mikolaj Kopernik; ab 12 Jahren, 138 Minuten. Auf den 8. Internationalen Filmfestspielen Moskau 1973 gab es eine Silbermedaille) - Dazu:
Krebs, Monika: Filmskript, Übersetzung der Filmdialoge aus dem Polnischen. Mitschrift des Films von Petelski, „Kopernik“ 1972 (s. o.). M. K., D 48231 Warendorf, Filmskript/ Mitschrift 2008/ privat (seit 2011 Monika Krebse)
Redshift 7: Das virtuelle Planetarium, CD-ROM: s. dort u. a. Nachthimmel über Bologna 9. März 1497

Zwei schulische Festschriften zum Namenspatron Kopernikus

Festschrift 1993: 25 Jahre Kopernikus- Gymnasium, Aufbaugymnasium der Stadt Beckum, 1968–1993, Herausgeber Kopernikus-Gymnasium Neubeckum, Schnell – Druck Warendorf 1993; s. o. S. 205 Müller. Oliver, N. K.
Festschrift 2008 (privat): „Allgemeine Schule Nr. 5 mit dem Namen Mikolaj Kopernik“, Lyzeum/ Gymnasium in Gdynia (Gdingen), Polen; Begleitschrift zum Patronatsfest/ zur Namensgebung am 19. Februar 2008. Die Festschrift enthält Präsentationen zum Festvortrag; vgl. a. S. 87 ff. - Die Karikatur/ Porträtskizze K‘ unter den Kapiteln ist ebenso dieser Festschrift entnommen.

Zur **Kopernikanischen Wende (1543)** nach 300 Jahren ein ironisch-romantischer ‚Klassiker‘ (1844) für den Abendspaziergang auch heute, nicht nur „am Meere“:

Heinrich Heine: Das Fräulein stand am Meere

Das Fräulein stand am Meere
und seufzte lang und bang,
Es rührte sie so sehre
Der Sonnenuntergang.

Mein Fräulein! sein Sie munter,
das ist ein altes Stück;
Hier vorne geht sie unter
Und kehrt von hinten zurück.

aus: Heinrich Heine, Neue Gedichte / „Liederkranz“ Seraphine 1844 – dazu der geduldige Menschenfreund K s.S. 194: „Spott ist ihm fremd.“

Leitzitate zum Kopernikanischen Prinzip:

„Der Mensch nimmt keine ausgezeichnete, spezielle Stellung im Kosmos ein.“ Stephen Hawking †2018

1506, Nikolaus Kopernikus

„Die Erde bewegt sich um ihre Achse und täuscht somit den Himmelsumschwung nur vor... Nicht die Sonne zieht ihre schiefe Jahresbahn um die Erde, sondern die Erde schwingt mit schiefgestellter Achse um die Sonne.“
Commentariolus, 1506 (deutsch: ‚Entwurf“)

1543, Nikolaus Kopernikus

„Platon und ich sind der Ansicht, es sei weit gefehlt, dass jemand als groß aufgestellt und bezeichnet werden könnte, der weder von der Sonne noch von dem Monde noch von den übrigen Gestirnen die notwendige Kenntnis besitze... Wer würde nicht beim Erforschen (des Himmels) zum Besten angeregt und den Urheber des Alls bewundern, worin alles Glück und alles Gute besteht?“
„De Revolutionibus“ (1543)/ deutsch ‚Umläufe‘, I. Buch, Einleitung

1676, Isaac Newton

„Wenn ich weiter gesehen habe, dann deshalb, weil ich auf den Schultern von Riesen stand.“
Über N.K., Kepler und Galilei u.a. im Brief an R. Hooke

1778, Abendlied

„Siehst du den Mond dort stehen?
Er ist nur halb zu sehen
und ist doch rund und schön.
So sind wohl manche Sachen,
die wir getrost belachen,
weil unsre Augen sie nicht seh'n.“

„Der Mond ist aufgegangen“, zweite Strophe, Text: Matthias Claudius, Musik: Johann Abraham Peter Schulz 1778

1832, Johann Wolfgang von Goethe

„Vielleicht ist noch nie eine größere Forderung an die Menschheit geschehen ... als die des Kopernikus...“ – *„Nichts hat eine größere Wirkung auf den menschlichen Geist hervorgebracht als die Lehre des Kopernikus.“*

2002, Stephen Hawking

„Manchmal ist, wie im Falle von Kopernikus und Einstein, ein geistiger Sprung zu einem neuen Weltbild erforderlich.“

2012, “Copernicus”
European Earth Observation Programme

„Die Theorie des heliozentrischen Weltbilds gilt als der wichtigste Vorläufer der modernen Wissenschaft. Kopernikus stieß für die Menschheit das Tor zum unendlichen Universum auf.“

Europäische Kommission, Pressemitteilung vom 11.12.2012 zu „Copernicus, European Earth Observation Programme“(GMES/ Global Monitoring for Environment and Security)

„So wie Kopernikus im 16. Jahrhundert auf geradezu revolutionäre Weise dazu beigetragen hat, unsere Welt besser verstehen zu lernen, so vermittelt uns auch das europäische Erdbeobachtungsprogramm ein tiefes Verständnis in Bezug auf unsere wandelnden Planeten, und es ermöglicht damit konkrete Maßnahmen zur Verbesserung der Lebensqualität der Menschen,“ so der italienische Kommissionsvizepräsident Antonio Tajani, bis 2018 zuständig für Industrie und Unternehmertum. Er ist seit 2018 Präsident des Europäischen Parlaments, Nachfolger von Martin Schulz, Deutschland.

https://www.d-copernicus.de/programm/erdbeobachtungsprogramme
Das Europäische Copernicus - Programm erzeugt den wichtigsten Rohstoff unserer Zeit: Information. Es liefert Erdbeobachtungsdaten für den Umweltschutz, zur Klimaüberwachung, zur Einschätzung von Naturkatastrophen und für andere gesellschaftliche Aufgaben mit den Ansprüchen eines modernen Humanismus.

WIDMUNG & DANK

„Kopernikus – nicht nur für Astronomen – 500 Jahre bis heute“ ist allen Kopernikanerinnen und Kopernikanern gewidmet, Jung und Alt, und allen, die es auch heute - nach 500 Jahren - noch werden wollen, wie schon ehedem die bekennenden Kopernikaner Giordano Bruno, Johannes Kepler, Galileo Galilei, Isaac Newton, Albert Einstein, Stephen Hawking u.a.m.
Dank an Hans-Lorenz Lassen, Braunschweig, für kritische Durchsicht des Textes. - Den Dialog „Anna liebt Nikolaus“, -> S. 111 ff., hat Monika Teressa Krebse dankenswerterweise aus dem Polnischen übersetzt, in einer eigenen Mitschrift zum gesamten Film „Kopernik“, PL, DDR 1973, > S. 207.
Besonderer Dank gebührt Schulpfarrer und –bibliothekar Ewald Klimberg († 2004), Lehrer am Kopernikus-Gymnasium Neubeckum (KGN) von 1971 bis 1984. Nikolaus Kopernikus als Schulpatron seit 1976 in Beckum - Neubeckum im Ostmünsterland ist seiner Initiative zu verdanken. 2018 feierte das KGN sein 50jähriges Schuljubiläum.
Seit 2019 wird mittels einer Photovoltaik-Inselanlage in der Schule „Kopernikus-Strom“ für den Eigenbedarf produziert: „Die Gymnasiasten machen ihren Handystrom selber“ (Die Glocke, Beckum, 2019 11 27, Sigrid Himmel). Die Kopernikaner sind Gewinner des Klimaschutzpreises 2019 des Kreises Warendorf. Preisgeld für die Anlage gibt es auch. Niklas Herbring und Leon Küsteramling nahmen zusammen mit ihrem Lehrer Michael Schenk den Preis aus den Händen des Landrats Dr. Olaf Gericke entgegen. – Das KGN hat natürlich auch eine Sternwarte auf dem Trakt der Naturwissenschaften. –

D 48231 Warendorf Münsterwall 55

Sigfrid Krebse 2019

Die bunte Mischung der Aspekte im Buch zu K ist nicht frei von (vielleicht) vermeidbaren Wiederholungen: Pardon!

S. K., Lehrer, am KGN von 1973 bis 2008